元華文創

科技法 ... 主編

論5G供應鏈韌性

5G Supply Chain Resilience

以供應鏈風險管理角度，

綜觀5G供應鏈中智慧財產權、資訊安全與貿易之互動關係。

陳怡萱 著

推薦序

2021 年 11 月，怡萱正在準備律師國考二試，當時拜登政府已上任，但歷經數回合的中美貿易關稅報復卻未見停歇，華為被美列入出口管制實體清單，5G 賽局成了全球政治經濟的焦點。怡萱表示對於 5G 資安及專利議題有興趣，希望以此為題，進行碩士論文寫作。我一方面高興她願意投入高度重要的時事議題，另一方面卻擔心此議題的複雜難解對一位研究生而言太具挑戰。之後一年多的時光，我們每一次的學術討論都是智識的享受。怡萱掌握問題及論述的能力總帶給我學術上的驚喜。這本書的出版，再次呈現清華大學科技法律研究所培養具備跨領域專長並能勝任實務挑戰之人才的實質成果。

本書諸多亮點之中，我個人最喜愛作者以「國家安全」及「國家經濟」為框架，細緻勾畫智慧財產、資訊安全及貿易三者間的互動與交集。近年來，「國家安全」的概念快速擴張，「經濟安全」、「經濟優勢」、甚至「技術領先」等考量，儼然成為國安要素，因此，高科技產業競爭力、半導體市場佔有率、供應鏈多樣性等問題，巧妙地提升到國安位階。同時，「國安」與「資安」的分野似乎愈見模糊。然而，所謂「資安即國安」的盲點在於，在網網相連的今日，資安零風險的烏托邦並不存在，如果不畫出資安保護的外在界線，5G 生態鏈的所有貨品與服務，似均難擺脫資安風險產品的標籤。寬廣無際的國安／資安範疇，加上「以風險為基礎」的滾動式管制模式，導致資通訊市場處於不確定狀態，企業成本及經營風險提高，國際貿易秩序面臨嚴峻挑戰。本書透過不同角度，帶領讀者探索 5G 的戰略地位，解析智慧財產風險以及資訊安全風險對於 5G 供應鏈韌性之影響，兼具學術及實務參考價值。

此外，本書作者完稿之際，正逢拜登政府發布出口管制新規，目標在於阻斷中國用於生產先進晶片的技術及設備。拜登政府同步積極推動歐美貿易與技術委員會（EU-US Trade and Technology Council）以及印太經濟架構（Indo-Pacific Economic Framework），將供應鏈韌性列為其與夥伴盟友之首要合作項目，強調「堅強而具韌性的供應鏈必須具備健全的供應商生態系統」。供應鏈韌性為何如此重要？追求該目標的原則與策略為何？作者藉由理論應用及比較研究，有系統地分析各國追求供應鏈韌性的政策法律，指出何者符合提升供應鏈韌性之步驟與方法，並呈現各國政策變化趨勢。本書從供應鏈風險評估、基於風險的規範、風險最小化方法、監控供應鏈情形、供應來源多元化及提升競爭力等面向，呈現歐盟、美國及中國相關管制圖像，以利讀者理解，那些打著「供應鏈韌性」旗幟之各類措施的真實面貌。

最後，作者強調，在各國重視供應鏈多元化的同時，臺灣亦應回到地緣政治的脈絡，反思如何深化與其他國家的關係，避免過度依賴單一國家。值此臺美廿一世紀貿易倡議協議簽署之際，資通訊產品安全技術標準、跨境資料傳輸規則、可信賴的供應鏈生態系等議題，必將成為未來幾年國際合作重要方向。臺灣在這場經貿與科技交織的競技中，角色為何？由「中美貿易戰」到中美經濟關係脫鉤，資通訊市場的機會與挑戰為何？本書由 5G 的專利、安全與貿易三大主軸，導引我們思考 5G 供應鏈的過去、現在與未來。

彭心儀

清華大學科技法律研究所特聘教授

自 序

本書是修改筆者之碩士學位論文而成，寫作的初衷是希望透過對於 5G 供應鏈中之相關法律爭議之介紹，建構出目前關於 5G 科技之政策方向與法制狀況以觀察科技與貿易帶動地緣政治與經濟變動之情形，進而讓讀者可以將其中之想法帶入各個領域的各類議題以進行思辨。

本書撰寫之期間，承蒙心儀老師、紀寬老師與弘鈺老師的教導與協助，提供諸多寶貴的建議與思考方向，本書才得以完成。三位老師在我撰寫的過程中給予我的指導與幫助都是筆者完成本書的重要推力。更謝謝三位老師對於筆者的研究結果不吝給予高度的肯定，對我來說就是最好的鼓勵。

筆者深知與供應鏈韌性相關之法律與政策發展迅速，科技的進步亦從未停下腳步，然仍期待本書可以與大家分享筆者目前的研究結果。希望閱讀本書的各位先進也能不吝賜教，一起探討供應鏈之奧妙。

陳怡萱

摘　要

5G 為「中美貿易戰」的關鍵戰線，對於數位經濟及貿易的成長與發展也扮演十分重要的角色。然而，在「中美貿易戰」後，深刻體會到供應鏈的韌性是貿易正常發展的關鍵。本書從供應鏈風險管理的角度探討中美貿易戰背景下，5G 供應鏈中智慧財產權、資訊安全和貿易的互動關係，以及智慧財產權、資訊安全所隱含之供應鏈風險及其對於供應鏈韌性之影響。並以國家角度出發，綜觀美國、中國與歐盟針對 5G 供應鏈及貿易相關之重點法律與政策，藉此建構出目前關於 5G 科技之政策方向與法制狀況並探討其目的性，即是否達成手段所欲達成之目標？其是否擾動國家經濟與供應鏈韌性？又是否採取增強供應鏈韌性之方法？希望透過國內外文獻之蒐集回顧與分析探討、法律與政策之整理與分析比較，了解其他國家對於提升 5G 供應鏈韌性之看法與採取之措施，提供我國政府參考與建議，期許我國能找尋最佳之定位並建置更完善之制度規範。

Abstract

US - China trade war started several years ago, and their confrontation is still gone on. While the trade war itself affects not only the trading system but also the supply chain around the world. 5G is a key front in the "US-China trade war", and it also plays a very important role in the growth and development of the digital economy and trade. However, after the "US-China trade war", it seems that the resilience of the supply chain is the key to the normal development of trade. This article explores the interaction of intellectual property, cybersecurity and trade in the 5G supply chain under the background of the US-China trade war from the perspective of supply chain risk management, as well as the supply chain risks embedded in intellectual property rights and cybersecurity and their impact on supply chain resilience. And then take a comprehensive look at recent trade laws and policies of the United States, China, and the European Union on technology and 5G supply chain from a national perspective, so as to construct the current policy direction and legal status of 5G technology, and discuss whether its means achieve the purpose and adopt methods to enhance supply chain resilience. Through the collection, review, analysis, discussion and comparison of various literature, laws and policies, we can understand the views and measures taken by other countries on improving the resilience of the 5G supply chain, and provide our government with reference and suggestions. I hope that our country can find the best positioning and establish a more comprehensive laws and policies.

目 次

表目次

第一章　前言

現今為高度全球化的時代，單一產品的製造通常是依據成本分析後，仰賴各國產出零組件並組裝而成，故全球化供應鏈是近代的趨勢。也因為供應鏈環環相扣，就會產生「牽一髮而動全身」之情形，因此供應鏈的韌性為現今受到高度重視的議題。所謂的「韌性」，係指當供應鏈遇到突發風險時，可以迅速恢復穩定狀態之能力。[1]尤其是在「中美貿易戰」後，更能深刻體會到供應鏈的韌性便是貿易正常發展的關鍵。

近年來，數據的流動已漸高於物品的流動[2]，5G 技術對於數位經濟與貿易的成長與發展將扮演十分重要的角色[3]。於「中美貿易戰」的戰場上，5G 更是極為重要的戰線，因此美國過去即大力的將中國華為公司與其他中國相關公司排除於美國和全球的供應鏈之外。[4]

---

[1] Benjamin R. Tukamuhabwa, Mark Stevenson, Jerry Busby & Marta Zorzini, *Supply chain resilience: definition, review and theoretical foundations for further study*, International Journal of Production Research, 53:18, 5592 (2015).

[2] Joshua P. Meltzer, *Cybersecurity, digital trade, and data flows Re-thinking a role for international trade rules*, Global Economy & Development Working Paper 132, 4 (2020).

[3] *Id.* at 6.

[4] US Department of States, "The Clean Network", available at: https://2017-2021. state. gov/ the-clean-network/index.html

本書想要探討為何 5G 供應鏈發生如此巨大的震盪，而此震盪以貿易為包裝且與智慧財產權及資訊安全息息相關，實則以國家經濟與國家安全為核心爭議。供應鏈的各環節都存有智慧財產與資訊安全的風險，而供應鏈整體又與貿易有關，從標準必要專利的掌握，到資訊安全的隱憂，表面上都係以貿易為手段處理上述疑慮。故本書認為需要從智慧財產、資訊安全與貿易間之互動關係進行分析，期望藉此了解供應鏈應如何在面對巨大波動時能夠更加穩定、更具韌性。

本書之討論主要區分為三大部分：第一部分探討 5G 供應鏈之韌性與管理。第二部分利用供應鏈風險管理的角度探討「中美貿易戰」中智慧財產與資訊安全所隱含之風險及對於供應鏈韌性之影響，再探討智慧財產權、資訊安全和貿易的互動關係。第三部分以國家角度出發，透過綜觀分析、比較美國、中國與歐盟針對 5G 供應鏈及貿易相關之政策與法律，並回頭檢視這些法律與政策是否採取風險管理措施與提升韌性之方法。藉此建構出目前關於 5G 科技之政策方向與法制狀況以觀察國家間角力之情形，然本書將不論各國法律政策等手段之合法性或正當性，而是著重探討其目的性，即是否達成手段所欲達成之目標？又是否擾動國家貿易、國家經濟與供應鏈韌性？又是否採取增強供應鏈韌性之方法？本書雖可區分為三大部分如下圖所示，惟本書希望讀者可以延續各該部分所建立之背景框架一併思考。

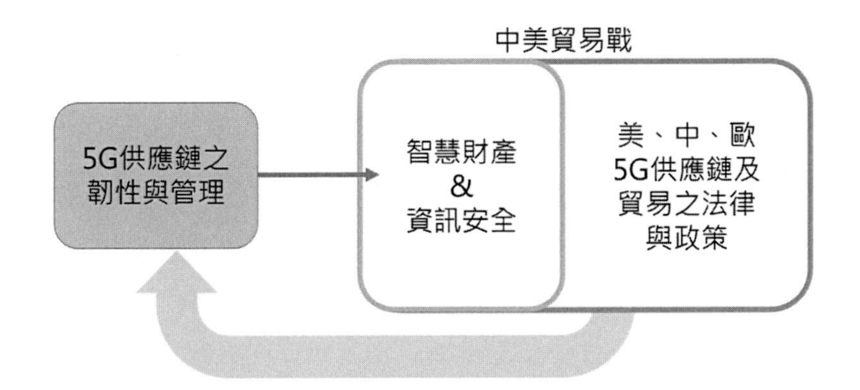

（此圖為本研究所繪製）

關於中美貿易戰與 5G 科技之討論沸沸揚揚，本書希望釐清現有文章之脈絡以回歸基於學術之討論。因此，本書將以供應鏈風險管理之理論出發，探討供應鏈風險管理與供應鏈韌性之關係，透過管理學之理論了解中美貿易戰對於世界貿易及供應鏈韌性帶來何種影響，並從中釐清 5G 供應鏈中智慧財產、資訊安全與貿易之風險及互動關係，進而評斷與分析外國貿易政策與法律是否具有提高供應鏈韌性之作法與實踐。最後，將檢視我國現行政策與法規範是否仍有不足之處，進而提出我國之定位與應如何因應國際局勢。我國目前尚無文獻以智慧財產、資訊安全與貿易之互動為核心進行討論，對於供應鏈韌性之研究亦不多，故本書主要將參酌大量國外文獻，期望能達到將近期之國際政治、經濟貿易局勢與學術文獻做出整合與分析之目標，提供我國政府參考與建議，期許我國能找尋最佳之定位並建置更完善之制度規範。

關於中美貿易戰與 5G 科技，可以探討之議題極多、範圍極廣，故本書將採取大題小作之方式，提及相關議題後，對於 5G 特有之爭議、政策與法律進行較深入之探討。基此，關於供應鏈情形之了解，也將聚焦於 5G 供應鏈。而關於智慧財產之風險，本書了解到在智慧財產領域中有專利、著作、商標及營業秘密之面向，惟在 5G 領域中和資訊安全與貿易互動較多者為專利與營業秘密，故為了將本書核心著重於智慧財產、資訊安全與貿易之互動關係，將會聚焦於專利與營業秘密之討論。此外，本書原先不欲將國家安全議題納入討論，惟在撰寫過程中發現許多國家皆高舉國家安全旗幟進行各種政策措施，且國家安全與智慧財產及資訊安全確實息息相關，故一併將國家安全之概念納入思考，希望藉此說明互動關係。

綜上，本書將以供應鏈風險管理為主軸，智慧財產權、資訊安全和貿易之互動關係為核心，透過了解數位貿易市場的發展趨勢，探討資通訊產品，以 5G 供應鏈為例，所遇到的智慧財產及資訊安全相關法律爭議與問題，並思考如何提升 5G 供應鏈韌性，並提出相關看法與建議。

第二章　5G 供應鏈之韌性與管理

本章以供應鏈管理之理論出發，從相關文獻中了解供應鏈風險管理與供應鏈韌性之重要，並歸納如何提高供應鏈韌性之步驟與方法。

壹、供應鏈之韌性

一、供應鏈

「供應鏈」一詞，於 1980 年代就被創造出來，被用於描述一個新興的管理學科。[5]在 1990 年代，便開始出現供應鏈管理，目標是提高從原材料生產一直到將成品交付給最終消費者市場的產品流動效率。有認為供應鏈為「透過上下游之連結，透過不同流程之組織網絡，將最終消費者手中之產品和服務產生價值的過程」。[6]亦有認為，供應鏈為「一組組織、人員、活動、資訊和資源，用於創造產品與服務並將其從供應商轉移

[5] Martin Christopher, *Building the Resilient Supply Chain*, The International Journal of Logistics Management（2004）2.

[6] Martin Christopher, *supra* note 5, at 3-4.

至組織的客戶」。[7]本書認為，所謂的供應鏈就像是由無數個齒輪組裝而成的生產鏈，最單純的供應鏈是單一線性的，每一個齒輪代表著一個供應商，然而，現今的供應鏈往往是多層次的網狀關係，由世界各處的供應商與人們共同創造出產品。

二、供應鏈韌性

近期，「供應鏈韌性」在供應鏈管理領域被廣泛討論，但由於「韌性」是一個多面向且跨學科之概念，故其定義在許多文獻中之討論亦分歧，因為不同作者與出版物認為韌性所取決之因素可能不同，[8]因此未有一個全面性的定義可以完整地、清楚地解釋何謂「供應鏈韌性」。[9]有認為「韌性」係指供應鏈中斷後的反應能力，較具被動的性質。[10]亦有認為「韌性」係一個積極主動的努力，為面臨供應鏈之中斷做好準備。[11]上述看法之出發點有些微差異，但都隱含供應鏈承受變化而回復到原始或更理想之狀態的能力。[12]目前在供應鏈韌性之文獻

[7] Maureen Wallace, *Mitigating cyber risk in IT supply chains*, Global Business Law Review, 6, 1, 2（2016）.

[8] M. Kamalahmadi & M.M. Parast, *A review of the literature on the principles of enterprise and supply chain resilience: Major findings and directions for future research*, International Journal of Production Economics, 171, 119（2016）.

[9] *Id.* at 116.

[10] *Id.* at 116.

[11] *Id.* at 116.

[12] João Pires Ribeiro, Ana Barbosa-Povoa, *Supply Chain Resilience: Definitions*

中，經常被引用的定義為：「供應鏈韌性是供應鏈對預期之外之事件做好準備與應對中斷的適應能力，並透過將營運的連續性保持在所需的水平以及對結構與功能的控制中恢復。」[13]故本書認為的「供應鏈韌性」為供應鏈在受到干擾後，在可接受的時間內恢復正常營運或原始狀態之能力。[14]意即，從中斷的影響中快速恢復的概念。

過去幾十年，由於許多產品及服務都可以被交易，加上基於專業分工與機會成本的考量之下，供應鏈逐漸全球化。[15]供應鏈全球化時，有利於供應商尋找較低的勞力、材料與土地成本，進而將獲利最大化。[16]全球化的供應鏈也一直都是提供資訊通訊產品或服務之組織的重要命脈。[17]但當產品的複雜性增加，在供應鏈全球化下分工愈漸細緻時，供應商之間很難了解

---

and quantitative modelling approaches—A literature review, Computers & Industrial Engineering 115, 109, 114（2018）.

13 M. Kamalahmadi & M.M. Parast, *supra* note 8, at 116. & 81. Serhiy Y. Ponomarov & Mary C. Holcomb, *Understanding the concept of supply chain resilience*, The International Journal of Logistics Management Vol. 20 No. 1, 124, 131（2009）.

14 Emma Brandon-Jones et.al, *A contingent resource-based perspective of supply chain resilience and robustness, Journal of Supply Chain Management*, Volume 50, Number 3, 1-2（2014）.

15 Willy Shih, *Is It Time to Rethink Globalized Supply Chains*, Massachusetts Institute of Technology Sloan Management Review, #61413, 1（2020）. Available at: https://mitsmr.com/2UhGemT, last visited 1/11/2023.

16 *Id.* at 1.

17 David Soldani, *5G and the Future of Security in ICT*, 29th International Telecommunication Networks and Applications Conference, ITNAC, 2（2019）.

其合作的所有供應商，故風險更多元且難以預測，也更致命。此時，供應鏈遇到突發風險的干擾時，迅速恢復穩定應有狀態的能力，即「供應鏈韌性」，則極為重要。[18]因為當任何一間公司被徹底排除於供應鏈之外，將造成供應鏈中缺少一環，就可能導致商品無法循環，更無法成為最終產品。

韌性供應鏈之意涵可以透過經常被引用的文獻[19]，作為理解供應鏈韌性之基礎。學者提出「**供應鏈韌性四原則**」包含「供應鏈再造（Supply Chain Reengineering）」、「合作（Collaboration）」、「敏捷性（Agility）」及「供應鏈風險管理文化（SCRM Culture）」，以下將依序說明。

（一）供應鏈再造（Supply Chain Reengineering）

由於供應鏈原本即存在一定程度的風險，故將供應鏈風險管理納入傳統之供應鏈設計顯得十分重要。其中，以下三個因素對於供應鏈再造具重要性：供應鏈之了解、供應商之風險意識以及基於權衡冗餘與效率之供應鏈韌性設計原則。唯有真實了解供應鏈後，才能具有風險意識並以之權衡供應鏈製造之冗餘與效率並創造出具韌性的供應鏈。

---

18 Emma Brandon-Jones et.al, *supra* note 14, at 1.

19 Martin Christopher, *supra* note 5. M. Kamalahmadi & M. M. Parast, *supra* note 8, at 122.

（二）合作（Collaboration）

文獻[20]指出，增加信任是降低供應鏈風險的主要原因之一，而資訊共享可以促進信任，故「信任」與「資訊共享」對於一個韌性之供應鏈極為重要。供應鏈中的成員之間應保持高度的合作與夥伴關係，以便確切的識別風險並進行管理。而信任可以促進合作。也只有在供應鏈運作之各階段，即無論在供應鏈中斷前或後，在所有的資訊都能夠順暢流通之下，才能有效的合作。[21]

（三）敏捷性（Agility）

敏捷性包含面對風險出現之反應速度與預見風險之可見度。而供應鏈中各參與者之連結性與資訊的共享提升了預見風險之可見度，從而提高面對風險出現之反應速度，最終將增強供應鏈韌性。

（四）供應鏈風險管理文化（SCRM Culture）

為了提高供應鏈韌性，應透過有效的溝通和良好的互動關係創造一個全球性的風險管理文化，讓供應鏈風險管理意識深入組織的文化。而組織的高階管理人員之領導對於改變各個組織的文化至關重要。[22]當然，根本解決之道就是藉由創新提升

---

[20] *Id.* at 124.

[21] *Id.* at 124.

[22] M. Kamalahmadi & M.M. Parast, *supra* note 8, at 126.

競爭力，才能迅速的適應及應對供應鏈所產生之變化。[23]

三、供應鏈韌性之重要

理想之供應鏈就是可以穩定的分工合作製造出產品。過去，為了提升供應鏈效率及降低成本，供應商往往會盡量消除「冗餘（Redundancy）」，但更高的效率犧牲的是供應鏈韌性的降低。[24]若供應鏈缺乏韌性，則單一一個節點所受到的干擾將會如滾雪球一般影響整體供應鏈之情形；若單一節點中斷，更可能會導致整體供應鏈中斷[25]。為避免前述情形發生，供應鏈韌性之重要性逐漸被重視，也才有「供應鏈韌性四原則」之提出。

上述之「供應鏈韌性四原則」中都隱含著「風險意識」與「降低風險」之概念，而「供應鏈風險管理」為「透過供應鏈風險成員之間的協調方法識別潛在的風險來源並實施適當的策略，以減少供應鏈之脆弱」，[26]其聚焦在供應鏈中風險來源之評估與應對風險之策略制定。為達成「韌性供應鏈」之目標，

---

23 *Id.* at 126.

24 Rainer Schuster, Gaurav Nath, Pepe Rodriguez, Chrissy O'Brien, Ben Aylor, Boris Sidopoulos, Daniel Weise, and Bitan Datta, *Real-World Supply Chain Resilience*, Boston Consulting Group（2021）. Available at: https://www.bcg.com/publications /2021/building-resilience-strategies-to-improve-supply-chain-resilience, last visited 1/11/ 2023.

25 Benjamin R. Tukamuhabwa et.al, *supra* note 1, at 5593.

26 M. Kamalahmadi & M.M. Parast, *supra* note 8, at 116.

「供應鏈風險管理」即為核心。[27]而「**供應鏈風險管理三階段**」主要分別為「預測力（Anticipation）」、「抵抗力（Resistance）」、「恢復與反應力（Recover & Response）」。[28]，以下將依序說明。

（一）預測力（Anticipation）

供應鏈與供應商應預測中斷的發生，並對環境中任何預期與意料之外的變動做好準備。除了應完全了解風險干擾所帶來之影響，也必須為緊急情況制定應對計畫，不僅應降低發生之機率，也應減緩風險干擾所帶來之影響。

（二）抵抗力（Resistance）

一旦在供應鏈中檢測到可預見或不可預見之干擾，則供應鏈在干擾擴散之前化解干擾並確保營運之維持的能力至關重要。而充分準備之供應鏈則應在此階段即化解風險，即代表該供應鏈具備足夠之抵抗力。

（三）恢復與反應力（Recover & Response）

若風險可能干擾供應鏈，則應該迅速、有效地運用現有的可用資源，立即做出反應，才能最大程度的減少供應鏈中斷所帶來的負面影響。且準備完善的措施不僅可使供應鏈回歸中斷前之狀態，甚至可以提升到更高之水平並提升競爭之優勢。

---

[27] *Id.* at 116.

[28] M. Kamalahmadi & M.M. Parast, *supra* note 8, at 121-122.

其實，早在 2012 年，美國的歐巴馬政府便宣布一項「全球供應鏈安全國家戰略」，其中一個目標便是培育具韌性之供應鏈。[29]當時便有「供應鏈風險管理」、「供應鏈韌性」之意識，而在經過更多世界貿易的波動後，時至今日，此項目標更是燃眉之急。

綜上所述，有效的供應鏈風險管理是預測供應鏈之未來發展、識別供應鏈之潛在風險與威脅、了解風險與威脅之概況，進而減緩或解決該風險對供應鏈所帶來之威脅。[30]因此，供應鏈管理要點之第一步就是「了解供應鏈」，對供應鏈缺乏了解將無法有效預測並控制風險。第二步為「評估風險」、再進行第三步之「解決風險」，以提高供應鏈韌性。透過「供應鏈韌性四原則」與「供應鏈風險管理三階段」的基礎以下將延伸討論之。

貳、提升供應鏈韌性之步驟與方法

透過對於「供應鏈韌性四原則」與「供應鏈風險管理三階段」的理解，本節將延伸討論如何真正解決風險、如何減緩供應鏈中風險所帶來之影響，並提出以提升供應鏈整體韌性為目

29 Maureen Wallace, *supra* note 7, at 10.

30 Interos Solutions, Inc., *Supply Chain Vulnerabilities from China in U.S. Federal Information and Communications Technology*, vi（2018）.

標之最佳方法。以下將針對提升供應鏈韌性之步驟、提升供應鏈韌性與風險減緩之方法分別敘述。

一、提升供應鏈韌性步驟

（一）供應鏈風險評估（Supply Chain Risk Assessment）

若欲提升供應鏈韌性，第一步便是進行供應鏈風險評估與風險管理，即必須意識到風險的存在。如先前所述，唯有了解供應鏈現況，才能做出最適當之措施。風險管理涵蓋風險辨識（Risk identification）、判斷（Estimation）與評估（Evaluation）。[31]經過「風險辨識」後，才能理解風險狀態、了解供應鏈之脆弱，進而進行「風險判斷」。經過「風險判斷」後，便能進行「風險評估」，選擇應該採取何種措施以降低特定風險與其相關成本。

而全面性的風險評估包含風險評估、策略制定、執行計畫。[32]風險評估之首要條件是了解供應鏈之現況，進而辨識目前之風險。評估風險後，則須進行第二步，即策略制定，思考相應的改善方式及預防方法。制定相應的策略需同時考量供應成本、供應可靠性及地緣政治等因素。[33]例如考量是否須向其

---

[31] Chien-Huei Wu, *Export Restrictions in the Global Supply Chain, Investment and Competition*, Cambridge University Press, 201（2021）.

[32] Rainer Schuster et.al, *supra* note 24.

[33] *Id.*

他供應商或其他國家進行產品之採購。[34]策略制定後，便是第三步，執行計畫，此時必須量化計畫所帶來之影響並確實執行，且須隨時將「風險」與「韌性」納入總體評估中。[35]唯有提早辨識供應鏈中潛在之干預，才能未雨綢繆以確保供應鏈之韌性。[36]

供應鏈中往往藏著無形的漏洞，故適當、正確的供應鏈風險評估是重要的，而將韌性嵌入其中更是核心關鍵。目前 5G 設備之製造與應用尚缺乏各類採用標準、隱私與安全性標準。[37]加上 5G 供應鏈中的廠商很多，每一個參與者都會存有一定的風險，且風險可能來自於產品缺陷或人為操作異常，故不能單以設備製造商的來源國家為風險來源判斷關鍵。[38]故最根本之方法就是將「韌性」納入供應鏈中每一個供應商之供應鏈風險管理設計中[39]，並進行全面性之風險評估。除此之外，隨著科技之進步，亦可以運用人工智慧等相關科技協助風險之評估與控制。[40]

---

[34] *Id.*

[35] *Id.*

[36] Alexandre Dolgui & Dmitry Ivanov, *5G in digital supply chain and operations management: fostering flexibility, end-to-end connectivity and real-time visibility through internet-of-everything*, International Journal of Production Research, 60:2, 445（2022）.

[37] Alexandre Dolgui & Dmitry Ivanov, *supra* note 36, at 445-446.

[38] David Soldani, *supra* note 17, at 6.

[39] Martin Christopher, *supra* note 5, at 13.

[40] Joshua P. Meltzer, *supra* note 2, at 31.

（二）基於風險的規範（Risk-based Regulation）

進行全面性之供應鏈風險評估後，便須制定相應的策略，思考如何降低風險。近年來，制定「基於風險之規範（Risk-based Regulation）」漸漸成為全球之趨勢[41]。而何謂「基於風險之規範」，可以從立法與行政兩個面向了解其意涵。

從立法面而言，由於新興科技與技術日新月異，供應商間之合作通常會隨著科技與技術而變動，故供應鏈也會隨著時間而變化[42]，因此，來自供應鏈之風險往往也會因為供應鏈之狀態不斷的變化而呈現動態之過程，且科技進步快速，故定期進行風險評估是必要的。[43]惟法規之制定常耗時較久，因而未能隨時迅速反應供應鏈風險之動態變化進行滾動式調整，故當法律條文之規範用語較有彈性時、限制範圍較為寬廣時，不僅給予行政政策手段之選擇較寬之裁量範圍，也較能針對風險選擇相應之措施，並能配合科技之發展，對科技的迅速進步造成較少限制。[44]此種基於風險之規範，不僅具高度之反應敏捷性，能夠迅速反應無法預期之風險，更是在高度不確定性之環境中有力之優勢。

從行政面而言，由於技術、產品、供應商及供應鏈都是動態變化的，故快速、有效之風險管理措施需要能夠適應動態之

---

41 Joshua P. Meltzer, *supra* note 2, at 12-13.

42 Interos Solutions, Inc., *supra* note 30, at vi.

43 Joshua P. Meltzer, *supra* note 2, at 29.

44 *Id.*

過程，並非所有情形一體適用，故一定要針對風險去進行管制。此亦與比例原則之概念相符[45]，即在辨識出風險後，量身訂製基於風險的方法或措施，即該方法或措施必須達成適當性、必要性與衡平性之原則。不僅所採取之措施需與目的之達成有直接相關，所採取之措施也必須是多種適合的措施中，侵害程度最小的手段，最後必須衡量該措施所可能引起的損害與所欲達成之目的間，不能有極端不相稱的情形發生。唯有精準地進行風險識別，才能滾動式的調整措施，將措施裁量到最適合的範圍、對症下藥。由於供應鏈中之風險與干擾有時是預期之外之突發事件，故措施本應該具靈活性與創新性，需要短時間內迅速創造、設計與實踐。[46]因此，以風險為核心之分析與措施制定是必要的。

由於現今高度全球化，供應鏈組成亦日漸複雜，故近年來之供應鏈風險態樣已非如過往常見且易於預測，特別是在 5G 全球供應鏈中之任何一項政策或措施都可能帶來全球之影響。故針對特定風險制定基於風險的規範是必須的，如何在最小影響之下達成所欲達成之目標便非常重要，此即為制定「基於風險之規範」漸漸成為全球主流之原因。

---

[45] 參考司法院關於比例原則之名詞解釋，https://terms.judicial.gov.tw/TermContent. aspx?TRMTERM=%E6%AF%94%E4%BE%8B%E5%8E%9F%E5%89%87&SYS=M, last visited 1/11/2023.

[46] M. Kamalahmadi & M.M. Parast, *supra* note 8, at 121.

（三）風險最小化方法（Risk Minimization Approach）

由於現今的資通訊產品為全球供應鏈之製造模式，5G 供應鏈更是如此。然而，生產 5G 基本設備[47]的製造商僅有少數幾家[48]，因此，若單一製造商之產品具極高市佔率且不使用也無其他選擇時，則應著重於如何安心使用，並以「風險最小化」取代「風險完全禁止」之方法將更為實際。[49]

由於供應鏈已非如過去單純由螺絲釘與螺帽組合而成，而是涉及成千上萬的參與者和相當複雜之製程，故在技術上、規範上與成本上已無法達成過往所認為之「風險完全排除」，故採取「風險減緩」之方式可能較易達到「風險最小化」之狀態。即重點可能不在於將風險降至「零」，而是依據比例原則，在衡量經濟與社會之各方利益後，針對風險性質，將風險降低至適當、可接受之水平。因此，基於風險之規範與風險最小化之方法必須同時考量，以便在減緩供應鏈風險的同時，也維持供應鏈之韌性。

以「風險減緩」取代「完全禁止」之方法，其優點在於不會因為完全禁止單一製造商之 5G 相關產品與服務，而造成巨

---

[47] 如小型蜂窩無線電單元或基地台。

[48] Jan-Peter Kleinhans, *5G vs. National Security – A European Perspective*, SNV, 4（2019）. Andy Purdy, Vladimir M. Yordanov & Yair Kler, *Don't Trust Anyone, The ABCs of Building Resilient Telecommunications Networks*, PRISM, Vol. 9, No. 1, 114, 116（2020）.

[49] Jan-Peter Kleinhans, *supra* note 48, at 2 & 13.

大損失。[50]亦不會因此在 5G 應用上與他國出現落差，並影響後續相關之科技發展，甚至影響新型態經濟的產生。[51]故政府與產業應共同制定一個關於 5G 設備與服務相關之全面性安全與韌性標準，提供製造商與營運商採用，以減緩供應鏈韌性之風險，進而提升供應鏈韌性。[52]以下將綜合前述供應鏈韌性與管理之理論，探討何為適當之風險最小化之風險減緩方法。

二、提升供應鏈韌性與風險減緩方法

提高供應鏈韌性之前提就是應對及減緩供應鏈風險，盡量將供應鏈之風險最小化。由於 5G 網路與軟硬體設備的複雜性，有許多層面都可能存有風險，故多管齊下的管制方式將較為有利。[53]經過文獻整理，以下將參酌「供應鏈韌性四原則」包含供應鏈再造（Supply chain reengineering）、合作（Collaboration）、敏捷性（Agility）及供應鏈風險管理文化（SCRM culture）；「供應鏈風險管理」之三階段目標預測力（Anticipation）、抵抗力（Resistance）、恢復與反應力（Recover & Response），並討論幾種「風險減緩」之方式。

---

[50] *Id.* at 16.

[51] *Id.* at 18.

[52] David Soldani, *supra* note 17, at 6.

[53] Joshua P. Meltzer, *supra* note 2, at 28-35. & Jan-Peter Kleinhans, *supra* note 48, at 14-15.

（一）監控供應鏈情形

提升供應鏈韌性最好的方法之一，便是「建立供應鏈之合作關係」以達到監控供應鏈情形之目標。[54]合作對於供應鏈風險管理是至關重要之上位概念，而合作關係建立的兩大先決要件為：信任與資訊共享。有文獻[55]指出，缺乏信任是增加供應鏈風險的主要原因之一，故「信任」與「資訊共享」對於一個韌性之供應鏈極為重要。供應鏈中的成員之間應保持高度的合作與夥伴關係，以便確切的識別風險並進行管理。而信任可以促進合作。也只有在供應鏈運作之各階段，即無論在供應鏈中斷前或後，在所有的資訊都能夠順暢流通之下，才能有效的合作。[56]透過信任與資訊共享之合作對於韌性之提高都有正面效果，而資訊透明是管理供應鏈風險之關鍵要素。[57]

供應鏈韌性原則之一的「敏捷性」，即包含面對風險出現之反映速度與預見風險之可見性。而「預測力」則是供應鏈與供應商應預測中斷的發生，並對環境中任何預期與意料之外的變動做好準備。故欲提高供應鏈韌性，就必須提高供應鏈「可見性」。所謂的「可見性」係指可以識別潛在的風險，進而降低風險。[58]而「可見性」的核心在於供應鏈中各參與者建立聯

---

[54] Benjamin R. Tukamuhabwa et.al, *supra* note 1, at 5592.

[55] M. Kamalahmadi & M.M. Parast, *supra* note 8, at 124.

[56] *Id.* at 124.

[57] Alexandre Dolgui & Dmitry Ivanov, *supra* note 36, at 442.

[58] Emma Brandon-Jones et.al, *supra* note 14, at 15.

繫與合作，即是需要透過「供應鏈連結性」與「資訊共享資源」達成。[59]具體層面之「供應鏈連結性」係指與供應鏈中其他合作夥伴間之資訊傳遞之技術基礎設施。而抽象層面之「資訊共享資源」，則係指資訊的性質、品質與速度。[60]藉由供應鏈連結性與資訊的共享提升了預見風險之可見度，從而提高面對風險出現之「敏捷性」，最終將增強供應鏈韌性。

全球供應鏈中之各國、各供應鏈中之各企業都必須合作。國家之內，整個政府的協調也對於整體國內之供應鏈韌性非常重要。在國內整體生產供應鏈中，國家政府之角色應係了解產業結構並整合公私部門的參與者，共同制定 5G 的全面性資訊安全標準，並提出高透明、高效率的風險減緩機制。例如：認證機制、安全庫存[61]、供應鏈垂直整合[62]與雙重採購[63]等策略。讓營運者能夠遵循相關法規，並減緩資訊安全與影響供應鏈韌性的風險。[64]公部門與私部門間之資訊分享對於風險管理與減緩亦十分重要。而全球政府之間之合作與協調也相當重要。[65]

各企業上下游間之供應鏈則需透過產業之間的合作與資訊

---

[59] *Id.* at 15.

[60] *Id.* at 15.

[61] Rainer Schuster et.al, *supra* note 24.

[62] *Id.*

[63] *Id.*

[64] David Soldani, *supra* note 17, at 6-7.

[65] Joshua P. Meltzer, *supra* note 2, at 32.

共享，透過製造商的組織結構與透明度以建立信任[66]，使得供應鏈之參與者將能更認識供應鏈中之風險及潛在的相關減緩措施。[67]在越複雜、牽涉越多供應商之供應鏈中，對「可見性」的投資將有更好的回報。[68]加上供應鏈之組成涉及許多不同供應商，故供應商間之高度合作有利於供應鏈之風險偵測與管理，並提高供應鏈之韌性。

因為供應鏈是一環扣著一環的系統，故當中的每一個參與者對於供應鏈的風險減緩與韌性的維護都存有高低相應的責任。[69]其中，可以透過第三方認證機制認證供應商所提供之產品或服務已降低風險存在。[70]也可透過提高資訊安全之標準以減緩供應鏈中供應商可能帶來之風險。[71]供應鏈中各供應商間之資訊的透明化與交換也可以減少供應鏈中之不確定性。[72]

時時監控供應鏈，刻刻追蹤產品、了解庫存與市場供需情形極具重要性，可以建立預警系統搭配動態蒐集數據，如此將能於數據有些微波動時進行計算並提出警告，見微知著。而監控、計算與管理皆可以透過 5G 與人工智慧之運用，達到供應鏈韌性之目標與工業 4.0 之願景。

---

66 Andy Purdy, Vladimir M. Yordanov & Yair Kler, *supra* note 48, at 126.

67 Interos Solutions, Inc., *supra* note 30, at viii.

68 Emma Brandon-Jones et.al, *supra* note 14, at 15.

69 David Soldani, *supra* note 17, at 3.

70 Joshua P. Meltzer, *supra* note 2, at 31.

71 *Id.*

72 Martin Christopher, *supra* note 5, at 17. Joshua P. Meltzer, *supra* note 2, at 31.

（二）供應來源多元化

提升韌性的核心，就是增強多元性與靈活性。具有高度的多元性，可以更好的有效分散供應鏈風險並減緩供應鏈波動所帶來的影響；具有高度的靈活性，可以更好的應對供應鏈之異常情況或重大波動。例如：多元的供應鏈、多元的供應商、多元的供應基地地域、靈活的運輸系統、靈活的生產設施、靈活的供應基地、靈活的產能與庫存和靈活的勞動力[73]。

供應來源之多元化可以提升供應鏈之抵抗力、恢復力與反應力。若風險可能干擾供應鏈，應該迅速、有效地運用現有的可用資源，立即做出反應，才能最大程度的減少供應鏈中斷所帶來的負面影響。一旦在供應鏈中檢測到可預見或不可預見之干擾，則在干擾擴散之前化解干擾並確保營運之維持的能力至關重要。減少過度依賴單一供應商，亦能減緩來源單一之供應鏈風險，並增進 5G 供應鏈之韌性。[74]

1.供應鏈多元化

具韌性之供應鏈，應確保供應鏈的多元與競爭。供應鏈的多元，即是開發一個以上的供應上下游組合，雖然可能增加成本，但長期將有助於提升供應鏈之韌性。[75]不僅在突發風險發

---

[73] M. Kamalahmadi & M.M. Parast, *supra* note 8, at 122.

[74] David Soldani, *supra* note 17, at 15. & Willy Shih, *supra* note 15, at 2.

[75] Willy Shih, *supra* note 15, at 2. David A. Gantz, *North America's shifting supply chains: USMCA, Covid-19, and the U.S.-China trade war*, International Lawyer, 54, 121, 132（2021）.

生時不至於導致斷鏈情形，由於供應鏈的多元化，更將使供應鏈保持高度競爭性，回歸市場機制，促使各供應商都致力於改善與保護智慧財產與資訊安全，這樣的產品或服務將會越來越好。[76]

近期雖有許多國家期望將 5G 供應鏈重新本土化，因為認為只有在自己境內所生產的 5G 設備才值得信賴，貨源將更穩定，更可以促進國內之創新與就業，但其實將會不利於機會成本與專業分工。資通訊產品可以一直不斷擁有高強度的創新是因為有全球化的供應鏈為動力，若將供應鏈本土化而捨棄供應鏈多元化帶來之好處，是捨本逐末之行為。

2.供應商多元化

經歷了許多供應鏈風險的出現，企業現在都深刻體會到依賴「單一供應來源」的危險。減少過度依賴單一某國產品或特定供應商至關重要，[77]此亦為提高韌性的一種方式。供應商多元化，則當任一個供應商無法提供產品或服務時，供應鏈不會因此而斷鏈，而是可以由其他廠商遞補，如此的供應鏈才具備韌性。供應商多元化並非代表需要將供應來源拆分為極小之單位，而是仍可以有主要供應商，但同時需要有替代來源之規劃。讓企業在發生重大中斷之情形下，可以靈活的調整材料流

[76] David Soldani, *supra* note 17, at 2.

[77] David Soldani, *supra* note 17, at 1.

的主要與次要路徑以降低供應鏈風險。[78]

需特別注意的是，過度依賴單一供應商是最危險的弱點。若單一市場中僅高度依賴單一供應商，則當該供應商出現危機時，整個市場都會隨之淪陷。減少依賴就是建立韌性。中國在「中國製造 2025（Made in China 2025）」計畫中，即旨在減少其對於與美國相關之半導體供應鏈之依賴，此努力一部分即是為了提升供應鏈之韌性。[79]

3.地域多元化

地理位置過於集中的供應商會增加供應鏈斷鏈的可能性[80]，因此，供應商之地域多元化也可以分散供應鏈風險[81]，進而提高供應鏈韌性。若供應商來源過度集中於特定區域，將受到地緣政治影響甚深。

經過中美貿易戰、新冠疫情與烏俄戰爭等供應鏈波動的事件後，各國似乎開始偏好進行區域貿易，而非依賴全球供應鏈。[82]因為目前的問題源於過長的單一供應鏈，故可能可以試著縮短供應鏈，盡量在區域內完成。[83]

綜上，過度依賴勢必會帶來供應鏈風險。具有韌性之供應

---

[78] Rainer Schuster et.al, *supra* note 24.

[79] Troy Stangarone, *Rather Than COVID-19, is the US-China Trade War the Real Threat to Global Supply Chains*, East Asian Policy, 12:5, 10（2020）.

[80] M. Kamalahmadi & M.M. Parast, *supra* note 8, at 123.

[81] Willy Shih, *supra* note 15, at 2.

[82] David A. Gantz, *supra* note 75, at 129.

[83] David A. Gantz, *supra* note 75, at 129.

鏈，應係如穩定之生態系一般，當其中之參與者越多元，生態系將更具韌性。一味的將某一參與者踢出生態系，減少一個參與者並不會減少供應鏈之風險，而應透過供應來源多元化，以減少對任一國家、地區、供應商之依賴，進而提高韌性以面對未來可能出現的供應鏈風險。

（三）提升競爭力

為了提高供應鏈韌性，應透過有效的溝通和良好的互動關係創造一個全球性的風險管理文化，讓供應鏈風險管理意識深入企業組織的文化。而組織的高階管理人員之領導對於改變各個組織的文化至關重要。[84]當然，根本解決之道就是藉由創新以提升競爭力，才能迅速的適應及應對供應鏈所產生之變化。[85]不僅可以讓人民與國家對於 5G 的產品、設備有更多、更好的選擇，更可以同時提升更高的社會與經濟福祉。企業亦可將技術視為提高供應鏈韌性的手段，將技術整合到供應鏈中，例如人工智慧與雲端服務，將可使得監控供應鏈情形與預測未來的危機更加容易且精準。[86]持續地進行風險觀察、預測與分析以便不斷的提升競爭力。

由於現今的供應鏈分工愈趨精細、日益複雜，故供應鏈波動只會愈頻繁地出現，而影響程度也會節節攀升。透過全面性

84　M. Kamalahmadi & M.M. Parast, *supra* note 8, at 126.

85　*Id.* at 126.

86　Troy Stangarone, *supra* note 79 at 8 & 14. Joshua P. Meltzer, *supra* note 2, at 31.

的風險評估與風險減緩方法將實質的提升 5G 供應鏈之韌性，以對抗未來將可能更頻繁出現的供應鏈波動。而具有韌性之供應鏈對於短期之生存是必要的，對於長期之競爭力更是關鍵。[87]

以下之表格係依據上述之應然面之風險減緩措施之整理，希望藉以提升現今複雜的全球化供應鏈韌性。而這些步驟與方法其實都呼應著前述所討論之「供應鏈韌性四原則」與「供應鏈風險管理三階段」。然風險管理有其相應之成本，並非需要百分之百完全達成才具有效果，故對國家及企業而言，應依據其個別之情形，選擇最有利、有效之方法。

表 1　提升 5G 供應鏈韌性之步驟與方法整理表

提升 5G 供應鏈韌性之步驟與方法		
步驟	風險評估	供應鏈風險評估
	策略制定	基於風險的規範
	執行計畫	風險最小化方法
方法	監控供應鏈情形	合作
		信任
		資訊共享機制
	供應來源多元化	供應鏈多元化
		供應商多元化
		地域多元化

[87] Benjamin R. Tukamuhabwa et.al, *supra* note 1, at 5592.

	提升競爭力

（此表為本研究製作）

參、供應鏈之風險類型

承上所討論的「提升5G供應鏈韌性步驟」可知，提升5G供應鏈韌性的第一步為風險評估；第二步為策略制定，即思考如何降低風險；第三步則為執行計畫。因此，本書將接續討論何為供應鏈風險與其類型，藉以了解並進行風險評估。

供應鏈之韌性與風險為一體兩面之概念，「供應鏈風險」被定義為「對手可能破壞、惡意引入不需要的功能或以其他方式破壞涵蓋系統的設計、完整性、製造、生產、分銷、安裝、操作或維護的風險，以便監視、拒絕、破壞或以其他方式降低此類系統的功能、使用或操作」。[88]供應鏈之弱點常常係起因於風險之觸發，而風險可能來自於供應鏈之內部或外部[89]，故供應鏈之風險可以再區分為加工面、控制面、需求面、供應面以及環境面風險。[90]

[88] Maureen Wallace, *supra* note 7, at 3.

[89] Benjamin R. Tukamuhabwa et.al, *supra* note 1, at 5592.

[90] Martin Christopher, *supra* note 5, at 6. & Benjamin R. Tukamuhabwa et.al, *supra* note 1, at 5592-5593.

一、加工面風險

加工面之風險為產品於製作之加工過程中所存有之風險，主要與供應商內部擁有、管理與運作之基礎設施有關。[91]加工面之風險即與基礎設施運作之中斷有關，故須詳加考量此類製造、運輸與通訊之基礎設施之可靠性。[92]能源與水資源危機即為加工面所可能面臨之風險，當機器運作所仰賴之電力不穩定或水源不足導致製造過程無法降溫都可能影響供應商內部基礎設施之運作，進而促發無法產出產品之情形。

二、控制面風險

若是因為加工過程之「規則（Rule）、程序（Procedure）、系統（System）」之管理或應用不當，則會造成控制面之風險。[93]就供應鏈而言，可能與訂單數量、貨量、安全庫存等政策或資產及運輸管理之程序有關。[94]此類風險往往來自於人員之管理不當，例如倉儲貨量不足或不均導致出貨困難。

---

[91] Martin Christopher, *supra* note 5, at 10.

[92] *Id.* at 10.

[93] *Id.* at 10.

[94] *Id.* at 10.

三、需求面風險

需求面風險涉及與下游供應商間之依賴關係，即公司與下游市場間之物流、金流與資訊流。[95]下游供應商之需求若突增或突減，都將導致上游不及反應。例如，疫情之發生改變消費者日常生活作息，進而造成購買模式之轉變，對於過往產品與服務之供需情形轉變。

四、供應面風險

供應面風險與需求面風險相似，惟其係涉及與上游供應商間之依賴關係。若與上游市場間出現物流、金流與資訊流之干擾，將會造成供應面之風險。[96]例如當上游面臨勞動力短缺之情形，將造成供應不足之風險。

五、環境面風險

發生於供應鏈外部之干擾，即為環境面風險，此類大環境的變動可能直接影響特定供應商及其上下游供應商或影響整體市場本身。環境面風險，例如自然災害、地緣政治變化與重大經濟事件，都可能會影響著供應鏈中之任何一個節點。[97]而環

95 *Id.* at 11.

96 *Id.* at 11.

97 *Id.* at 11.

境面風險與上述四種風險最不相同之處在於環境面風險最難以預料並預防。以近期國際情勢為例，「中美貿易戰」、「新冠疫情」與「俄烏戰爭」皆屬於此類環境面風險。

全球化之下，風險態樣愈來愈多元，包含政治變動、能源危機、通貨膨脹、勞動力短缺、恐怖主義、戰爭、跨國犯罪、人權侵害、難民移民潮、流行疾病、地震災害、氣候變遷、網路漏洞與消費者購買模式之轉變等。2018 年起，中美貿易戰影響了全球貿易；2020 年以來，最大的挑戰是新冠疫情之大流行；2022 年初起因俄烏戰爭中斷了許多天然氣管線，進而造成歐洲國家出現能源危機；而極端氣候則默默的不斷影響人們的生活習慣。科技的演變與進步象徵著新產品與相關供應鏈將日益複雜，故上述的風險也將更加複雜或同時出現，甚至影響越多國家，故如何進行供應鏈風險管理至關重要，而供應鏈韌性亦成近年供應鏈管理的核心思維。

肆、5G 供應鏈之近期發展

為了提升 5G 供應鏈之韌性，依據前述之提升供應鏈韌性之步驟與方法，第一步便是對於 5G 供應鏈之風險評估。風險評估之首要條件是了解供應鏈之現況，進而辨識目前之風險。因此，本書接下來將對於 5G 供應鏈之近期發展與組成現況進行了解。

一、5G 之應用及其效益

行動通訊中，最初的 1G 為單純之行動電話，2G 則開始可以收發簡訊，3G 時代開始加入行動網路並能收發圖文，4G 則因更穩定之行動網路而更進一步的可以觀看影片。從 1G 到 4G 皆專注於人與人之間的通訊，但 5G 的應用將更多元，包括設備之間之連結。[98]無線網路從 4G 轉變到 5G，即「第五代行動通訊技術」，透過國際電信聯盟（International Telecommunication Union，簡稱 ITU）之定義可知，5G 必須提供之三大應用情境為：增強行動寬頻、大型機器類通訊、超可靠低延遲通訊。[99]將提升數據、資料的處理與傳輸速度、減緩延遲，因而能夠運用於更多終端裝置、設備、系統，達成巨量物聯網之狀態。[100]人工智慧、自駕車、無人機、遠端智慧醫療、智慧電力裝置等應用更能依賴高速度、高穩定、低延遲的傳輸特性，變得更加可行。[101]透過 5G 的應用，在工業、農

---

[98] Eli Greenbaum, *Nondiscrimination in 5G standards*, Notre Dame Law Review Online, 94, 55, 56（2018）. Jan-Peter Kleinhans, *supra* note 48, at 3.

[99] 由專利成長率觀點探討美國專利申請趨勢與技術發展潛力預測，李昆鴻，專利師，第 46 期，頁 108-109。

[100] William M. Lawrence & Matthew W. Barnes, 5G mobile broadband technology-America's legal strategy to facilitate its continuing global superiority of wireless technology, Intellectual Property & Technology Law Journal, 31 No. 5, 3, 1（2019）. Zachary E. Redman, Esq. & Bethany Rudd Sanchez, Esq., Government authority and wireless telecommunications facilities, Nevada Lawyer, 29, 12, 2（2021）.

[101] 李昆鴻，同註 99，頁 109。Eli Greenbaum, 5G, Standard-Setting, and National

業、醫療、金融、教育與能源領域都可以獲得許多優勢，推動未來的智慧城市更是指日可待。[102]5G 技術既是未來推動萬物與萬物連結的一個重要基礎建設，也是支持供應鏈轉型為工業 4.0 的環境與數位供應鏈發展的要素之一。[103]然而，5G 強大的應用能力勢必將帶來更多的風險，也將對供應鏈風險之管理帶來更多的影響。[104]

5G 之重要性在於其決定了無線連結之未來，也影響高科技產業之發展。文獻估計至 2030 年，將會有 1250 億個連網之裝置[105]，而 5G 就是連結各個裝置之重要網路。美國專利商標局（United States Patent and Trademark Office，簡寫 USPTO）更預測未來 15 年，全球採用 5G 技術將為全球經濟貢獻高達 2 萬億美元之資金。[106]更有認為 5G 的發展將帶動 300 萬個工作

Security, Harvard Law School National Security Journal, 1（2018）.

[102] Katie Mellinger, Tiktokers caught in the crossfire of the U.S.-China technology war: Analyzing the history & implications of Chinese technology bans on U.S. domestic expression and access to communications, Wake Forest Journal of Law and Policy, 11, 689, 3（2021）.

[103] Alexandre Dolgui & Dmitry Ivanov, supra note 36, at 442-445.

[104] Kenny Mok, In Defense of 5G: National Security and Patent Rights Under the Public Interest Factors, The University of Chicago Law Review, Vol. 88, No. 8, 1971, 2001（2021）. Interos Solutions, Inc., supra note 30, at v.

[105] Peter Harrell, 5G: National Security Concerns, Intellectual Property Issues, and the Impact on Competition and Innovation, Energy, Economics, and Security Program, Center for a New American Security（2019）.

[106] USPTO, *Patenting activity by companies developing 5G*（2022）.

機會。[107]

回顧過去，每一世代的行動通訊技術都有特定的區域或國家帶領並主導行動通訊技術的發展。歐洲[108]為 2G 的領導者，3G則由日本繼位，而美國[109]則於4G興起時成為全球領導者。[110]4G時代，美國因為身為先驅者而收穫至少1000億美元的收益。在 2011 年至 2014 年間，4G 更為美國無線相關產業貢獻70%的成長，也帶動 84% 的相關工作機會。[111]由此可見，在技術蓬勃發展之下，不同世代之領導者不斷在改變。

4G 的應用造就了 APP 經濟，而 5G 網路的應用必定亦能掀起另一波全球之創新，從而相關應用之科技與技術的競爭將會更廣大、更加全面性。因此各國都奮力在 5G 競賽中占得一席之地，不願讓他國專美於前打造成自己的個人秀舞台。

二、5G供應鏈組成情形

5G 需要大量且複雜的材料、半導體、網路通訊設備與終端設備。[112]而 5G 供應鏈之組成分別為上游：晶片、射頻電

---

107 William M. Lawrence & Matthew W. Barnes, *supra* note 100, at 5.

108 Jonathan M. Barnett, *Antitrust overreach: undoing cooperative standardization in the digital economy*, Michigan Technology Law Review, 25, 163, 12 (2019). 例如，愛立信、諾基亞、摩托羅拉。

109 *Id.* at 12. 例如，蘋果。

110 William M. Lawrence & Matthew W. Barnes, *supra* note 100, at 4.

111 *Id.* at 5.

112 行政院（2021），發展 5G 加值應用服務—擴大臺灣核心供應鏈地位。http

纜、濾波器、光通訊、軟板、天線與系統組裝；中游：小型基地台、網路交換器；下游：電信營運商、智慧型手機、物聯網、VR/AR。[113]整體供應鏈涉及成千上萬間來自世界各地之公司，5G 的網路相關設備多由中國與歐盟國家製造、美國擁有 5G 相關的晶片技術，而我國許多公司則參與許多材料與設備的研發、代工與組裝。由此可見，全球各國之公司在 5G 供應鏈中都是相互合作且依賴的。

透過近期 5G 之發展可知，5G 供應鏈中，握有最多標準必要專利之前幾大公司分別有華為（Huawei）、高通（Qualcomm）、LG、中興（ZTE）、三星（Samsung）、愛立信（Ericsson）與諾基亞（Nokia）。而全球 105 間宣稱持有 5G 標準必要專利之公司中，有 12 間為中國之公司，又該等公司總持有之標準必要專利總數高達 44.19%，如此可顯見中國於 5G 供應鏈中佔有非常重要之地位。[114]也因為如此，中國成為目前各國認為 5G 供應鏈中風險可能之來源處。透過了解現在 5G 供應鏈之情形，辨識出的風險就在中國此一參與者身上。

由於 5G 為「中美貿易戰」之重要戰線之一，故本書接下

s://www.ey.gov.tw/Page/5A8A0CB5B41DA11E/545ac175-42c2-4aa2-86c9-8067bb339f1f, 最後瀏覽日：2023 年 1 月 11 日。

113 同前註。

114 孚創雲端（2021），〈區域觀點:中國的 5G 標準必要專利布局與實力〉，《北美智權報》，第 296 期。Tim Pohlmann & Magnus Buggenhagen, *Who leads the 5G patent race November 2021*, IPlytics（2021）.

來希望透過「中美貿易戰」，了解為何許多國家認為中國會是5G 供應鏈中風險之可能來源。而中美貿易戰如上述之風險類型可知其為環境面之風險，此類大環境的變動直接影響全球貿易與整體 5G 市場。期望以「中美貿易戰」為例，說明此環境面風險對於全球經濟與 5G 供應鏈韌性之影響，並探討此環境面風險中更隱藏哪些風險。

第三章　從「中美貿易戰」看智慧財產與資訊安全之風險

透過第二章對於供應鏈風險管理、供應鏈韌性及 5G 供應鏈近期發展的了解後，本章將利用供應鏈風險管理之角度，檢視「中美貿易戰」中智慧財產與資訊安全之風險以及對於供應鏈韌性之影響。

壹、回顧中美貿易戰

一、中美貿易戰起因

貿易戰就如同戰爭一般，但並非真槍實彈的攻擊其他國家，而是以各種貿易手段為武器，利用相關的貿易政策，例如施加關稅、增加技術性障礙等，以打壓特定國家的貿易情形與經濟。自 2018 年，美國總統川普（Donald Trump）上任起，美國開始對於其他國家進口至美國的商品施加關稅，其中特別針對中國，此即為貿易戰。

川普於上任後，2018 年之 1 月即啟動了第一波的關稅，該關稅施加於洗衣機、太陽能板、鐵及鋁的進口商品。[115]這波的關稅施加於少數列舉之產品及所有的貿易國家，包括中國、加拿大、墨西哥和歐盟。然而，於 2018 年 3 月時，川普政府的貿易政策將重心集中於與中國之貿易，並指示美國貿易代表署（United States Trade Representative，簡寫 USTR）啟動了 301 條款之調查程序[116]，與之開啟貿易戰。[117]

美國貿易代表署的 301 條款之調查報告指稱，中國製造 2025 的重點在於透過各種方式獲取外國技術。雖然中國獲取外國技術的政策與作法長期以來一直是美國企業所面臨之問題，且美國企業在許多領域中都處於領先地位，但當中國的野心逐漸蓬勃，將可能在全球市場中取代美國和外國企業並破壞全球貿易體系。[118]

調查結果認定中國的行為、政策和做法不合理或具有歧視性，對美國商業造成負擔或限制，且所有指控都具有實質性的

---

115 F. Benguria, J. Choi & D.L. Swenson, et al., *Anxiety or pain? The impact of tariffs and uncertainty on Chinese firms in the trade war*, Journal of International Economics, 5-7（2022）. Available at: https://doi.org/10.1016/j.jinteco.2022.103608, last visited 1/11/2023.

116 根據總統之指示，貿易法第 301 條賦予貿易代表廣泛的權力可以調查並採取適當和可行的行動來消除不公平的貿易行為。包括調查限制或造成美國商業負擔的外國不合理或歧視性的行為、政策、作法。

117 F. Benguria, J. Choi & D.L. Swenson, et al., *supra* note 115, at 5-7

118 USTR, *Report on China's Acts, Policies, and Practices Related to Technology Transfer, Intellectual Property, and Innovation*, ii（2018）. Available at: https://ustr.gov/issue-areas/enforcement/section-301-investigations/section-301-china, last visited 1/11/2023.

事實支持。[119]其中的指控包含：中國不公平的技術轉讓制度、中國的歧視性許可限制、中國不合理的對外投資制度及中國未經授權入侵美國網路並竊取智慧財產權和敏感商業資訊。[120]

根據上述 301 條款之調查結果顯示，經探究可區分為兩大議題，即中國透過不公平貿易手段竊取美國智慧財產權而削弱美國競爭力、中國藉由網際網路的入侵取得美國未經授權之智慧財產與關鍵資訊而危及國家安全。因此，時任美國總統川普便以 301 條款之調查結果合理化自關稅而起之貿易戰。

中美貿易戰開展的主因為時任美國總統川普認為，美國對於中國存在巨大的貿易逆差是源於中國不公平的貿易政策以及中國竊取美國智慧財產權，而巨大的貿易逆差造成美國經濟的動盪，進而影響美國的國家安全。[121]但亦有文章指出川普發動貿易戰的隱藏性原因為：中國的快速崛起撼動了美國原先的政經領導地位，且中國經濟的發展大大削減美國國內的就業機會。[122]輿論則多認為貿易戰是美國遠大全球戰略的一個關鍵部分，透過減少現有的對中貿易逆差、拘束中國之崛起以獲得

---

[119] *Id.* at iii.

[120] *Id.* at iii-xiii.

[121] Chi Hung Kwan, *The China–US Trade War: Deep-Rooted Causes, Shifting Focus and Uncertain Prospects*, Asian Economic Policy Review, 15, 55, 56（2020）.

[122] Yongai Jin, Shawn Dorius & Yu Xie, *Americans' Attitudes toward the US—China Trade War*, Journal of Contemporary China, 31:133, 19（2022）. Available at:
https://doi.org/10.1080/10670564.2021.1926089, last visited 1/11/2023.

新的談判籌碼，便能夠解決國內問題並加強其在世界上的地位。[123]

截至目前，美國最終共施加了五波的關稅，又中國亦個別為施加關稅之反擊。中美雙方最終於 2020 年 1 月達成第一階段協定，協議要求對中國的經濟和貿易體制進行結構性改革，其中包括加強中國對於技術轉讓與智慧財產權之保護、共同同意解除第六波的關稅，協定亦要求中國購買價值 2000 億美元的美國農產品和製成品、能源和服務[124]，但並未處理中國企業竊取智慧財產權之爭議[125]。時至今日，由於美國政權的轉換，第二階段之談判也因為川普未連任美國總統而胎死腹中，川普政府與中國所達成之協定其實也從未真正啟動，所有的關稅至今幾乎維持原樣，中美間答應的採購也未實行。[126]近期，更有報導指出拜登政府將再以提高關稅之方式，就中方未

123 *Id.* at 17.

124 USTR, United States-China phase one trade agreement（2020）. Available at: https://ustr.gov/phase-one, last visited 1/11/2023.

125 Jeanne Suchodolski, Suzanne Harrison & Bowman Heiden, *Innovation warfare*, North Carolina Journal of Law & Technology, 22, 175, 15（2020）. James M. Cooper, *Games without frontiers: The increasing importance of intellectual property rights in the People's Republic of China*, Wake Forest Journal of Business and Intellectual Property Law, 22, 43, 12（2021）.

126 Fajgelbaum PD & Khandelwal AK, *The Economic Impacts of the Trade War*, Annu. Rev. Econ. 3: Submitted, 2（2021）. Asia Times（02/10/2022）, "Who's to blame for 'phase one' trade deal failure?", available at: https://asiatimes.com/2022/02/whos-to-blame-for-phase-one-trade-deal-failure/, last visited 1/11/2023.

履行上述之第一階段協定，表達美方之不滿[127]。此作為可顯示中美貿易戰其實從未停歇。

中美貿易戰在美國政權的轉換後，二國之間仍在貿易與其他戰場相互競爭。後續將會如何發展，可能可由美國過去所發動的貿易戰看出端倪。美國並非第一次興起貿易戰，其中美國與日本之間的貿易戰可謂相當著名且值得分析作為中國及其他國家之借鏡。[128]日本於 1980 年代時期經濟快速發展，而美國受有壓力故在各個產業部門藉由貿易摩擦，希望打壓日本，而現今 5G 部門可能可以參考當時同為高科技產業之日本半導體部門。當時美國政府希望避免利用關稅和配額形式的保護主義，以支持 GATT 下的自由全球貿易，因此決定與日本談判自願出口限制。[129]美日雙方因而簽訂了「美日半導體協定」，因為高度依賴美國的市場及其所提供的國家安全保障，日本不得不接受這一要求。該協定不僅使日本無法繼續擴大市場，也使其無法取得關鍵技術繼續發展半導體科技。

透過抵制新興國家之興起，以維繫美國原本之霸權，美國

---

[127] Politico（04/18/2023）, “White House nears unprecedented action on U.S. investment in China”, available at: https://www.politico.com/news/2023/04/18/biden-china-trade-00092421, last visited 4/29/2023.

[128] Shujiro Urata, *US–Japan Trade Frictions: The Past, the Present, and Implications for the US–China Trade War*, Asian Economic Policy Review, 15, 141, 142（2020）.

[129] Shujiro Urata, *supra* note 128, at 146-149.

政治學者 Graham Allison 對此提出一個理論「修昔底德陷阱（Thucydides Trap）」。[130]中國的 GDP 約於 2009 年時便超越日本，成為另一個急起直追的新興國家。[131]如今美國與中國正處於該學者所說之狀態，而未來美國應該仍會延續一貫作風，利用其強大的談判能力來使中國屈服。但由於美國對於日本出口貿易的重要性會影響日本對於美國的貿易政策制定，美國越重要，則日本對於政策的可操作性就越限縮，甚至綁手綁腳。[132]然而，中國對美國的依賴可能無日本強烈，故本書認為中美間之關係前階段應類似「修昔底德陷阱」，但當中美兩國發現彼此並非真正的敵人時，未來最終應該要走向「合作競爭」，共同合作解決問題[133]。

二、美國對於中國之指控

根據上述 301 條款之調查結果顯示，在中美貿易戰中，美國對於中國之指控可區分為兩點：中國透過不公平貿易手段竊取美國智慧財產權而削弱美國競爭力、中國藉由網際網路的入

---

130 Chi Hung Kwan, *supra* note 121, at 70. Graham Allison, *The Thucydides Trap: Are the U.S. and China Headed for War?* The Atlantic, available at: https://www.theatlantic.com/international/archive/2015/09/united-states-china-war-thucydides-trap/406756/, last visited 1/11/2023.

131 Shujiro Urata, *supra* note 128, at 143.

132 Shujiro Urata, *supra* note 128, at 144.

133 全球共同之問題包含氣候變遷、通貨膨脹、經濟、貿易、糧食問題等等，唯有透過全球國家之合作，才有機會共同解決問題。

侵取得美國未經授權之智慧財產與關鍵資訊而危及國家安全。簡而言之，即中國竊取美國之智慧財產、中國製造之設備對於美國具有資訊安全之疑慮；惟本書認為此二項指控背後皆有隱藏性原因。鑒於現今世代資訊快速流動、科技蓬勃發展，智慧財產權之掌握決定了國家之經濟，而資訊安全的維護保障了國家安全，而貿易就是保護國家經濟與國家安全之手段。因此美國政府擔心之真正危機為「國家經濟」與「國家安全」。換言之，美國認為中國在全球經濟中日益增長的影響力和 5G 領域中的發展領先地位將危及到美國的「國家經濟」與「國家安全」。[134]

川普政府宣稱中國實施不公平的貿易手段，例如：低估貨幣價值、補貼國內製造商、為外國企業設立市場進入的障礙及未執行智慧財產之保護[135]，以非法、不公平之方法竊取美國技術、弱化美國國家安全、弱化美國國際地位等。然而，川普政府的政策主要都是以懲罰性關稅為主。[136]

當貿易戰的時間拉長、戰場擴大，加上集中火力猛攻華為，貿易戰從相互關稅的限制，漸漸升級為科技戰。川普政府進行所謂「乾淨網路（The Clean Network）」（2017-2021），便是為了讓網絡乾淨，不受中國干擾。川普政府亦列

134 Katie Mellinger, *supra* note 102, at 3.

135 Jeanne Suchodolski, *supra* note 125, at 7.

136 David A. Gantz, *supra* note 75, 124.

出所謂的「實體清單（Entity List）」，其中包括華為、中興、抖音等等，在實體清單上的中國企業大多為高科技相關企業，而將需經美國政府同意後才能與美國進行商業交易。川普更透過國外投資的審查，禁止中國取得美國企業及出口技術，以維護所謂的國家安全。

上述措施係以中國為打擊目標，然美國於執行之同時亦會影響到本國之公司。故有認為，美國實施的貿易政策對於減少貿易逆差而言可能不是最有效之方法，而應該透過減少支出達成。又或者向相同受到中國巨大貿易逆差之國家尋求合作，例如：歐盟、日本。透過國際間之合作，一同於世界貿易組織設立適當的國際性規定，以對抗中國的不公平貿易手段，如此將比一味的施壓於中國貿易有效。[137]

由於貿易的全球化，對於中國而言，與其進行關稅反擊之手段，試圖惡化美國及全球之經濟狀況，進而傷害到自身，不如善用透過加入大區域的經濟性組織或美國未參與之自由貿易協定，例如：RCEP、CPTTP 等，以增強自身的競爭優勢即經濟情況，迫使美國轉變其貿易政策之態度。[138]

---

[137] Shujiro Urata, *supra* note 128, at 157.

[138] Shujiro Urata, *supra* note 128, at 157-158.

三、中美貿易戰帶來之影響

（一）對於中國、美國之影響

輿論多認為貿易戰是美國遠大全球戰略的一個關鍵部分，透過減少現有的對中貿易逆差、拘束中國之崛起以獲得新的談判籌碼，便能夠解決國內問題並加強其在世界上的地位。[139]然而，中國與美國互為彼此重要的貿易夥伴，兩國之間的年度貿易額仍然相當可觀，超過 6000 億美元[140]，故中美貿易戰對於中美雙方都造成巨大的影響，是場「沒有贏家的戰爭」。[141]進出口方面，中美貿易戰減少了幾乎所有部門之進口，其中，美國失去中國市場，導致關於金屬、機器及電子產品的進口大幅降低，又使其必須從他國進口較昂貴之自然資源；中國關於交通設備及農產品之部分則影響最劇，更導致外國減少對中國的投資。[142]GDP 方面，依經濟分析研究指出，因為中美貿易戰，美國的 GDP 將降低 1.35%，大約 3170 億美元；中國

---

[139] Yuhan Zhang, *The US–China Trade War: A Political and Economic Analysis. Indian Journal of Asian Affairs*, Vol. 31, No. 1/2, 53-74（2018）. Yongai Jin, Shawn Dorius & Yu Xie, *supra* note 122, at 1.

[140] The Washington Post（11/12/2022）, "U.S.-China rivalry risks splintering global economy, IMF chief warns", available at: https://www.washingtonpost.com/business/2022/11/12/us-china-rivalry-risks-splintering-global-economy-imf-chief-warns/, last visited 1/11/2023.
根據美國商務部所公佈的數據，美國和中國之間的雙向貿易在 2022 年達到 6900 億美元，創下了新紀錄。

[141] Chi Hung Kwan, *supra* note 121, at 68.

[142] *Id.* at 56.

的 GDP 則降低 1.41%，大約 4270 億美元。

（二）對全球之影響

不僅中美兩國受到嚴重影響，全球的 GDP 都因此而減少 0.3%，大約 374 億美元。[143]根據國際貨幣基金組織的數據，中美對抗下的世界經濟將萎縮 1.5%，即每年超過 1.4 萬億美元。[144]由此可知，中美貿易戰不僅影響中美雙方各自的政治與經濟，對於兩國都無任何經濟利益，即便是受到進口關稅保護的產業也未因此受惠。

美國與中國為現今國際上的兩大經濟體，當二者陷入曠日持久的貿易爭端時，整個世界將受到撼動，[145]且勢必影響全球供應鏈之穩定性，故不僅中美二國受到影響，更連帶造成全球經濟的負面影響。

（三）對我國之影響

中美貿易戰對我國而言有好有壞，由於我國有許多企業亦為中國產業供應鏈之參與者之一，為中國企業之上下游，故對於中國之經濟影響將連帶影響我國產業。雖也有供需替代之情形，使得我國企業因而獲利，但整體而言仍為負面之影響。根據行政院主計總處指出，當中國 GDP 減少 1%，台灣的 GDP

143 Ken Itakura, *Evaluating the Impact of the US–China Trade War*, Asian Economic Policy Review, 15, 77, 91-92（2020）.

144 The Washington Post, *supra* note 140.

145 Yongai Jin, Shawn Dorius & Yu Xie, *supra* note 122, at 35.

會連動減少 0.29%。由此可以推算出台灣因為中美貿易戰所減少的數值，約莫減少 0.35%。[146]

本書認為，歷史上由美國發動的貿易戰都係為了鞏固其經濟利益及國際地位，以國家利益而言固然合理，然其忘記中國亦為全球供應鏈之核心之一，供應鏈的穩定性即決定了貿易的發展，又現今之貿易高度全球化，故美國最終必會受到影響。

四、中美貿易戰對於 5G 供應鏈韌性之影響

目前，5G 供應鏈中有將近 50% 之 5G 宣稱標準必要專利總數係由中國之企業所持有。如此可顯見中國於 5G 供應鏈中具有非常重要之地位。[147]也因此，中國被認為係 5G 供應鏈中風險可能之來源。而美國為了鞏固其經濟利益及國際地位，對中國開啟貿易戰並採取許多針對中國之貿易措施。相關措施皆對於5G供應鏈造成巨大變動，影響了5G供應鏈原有之狀態，進而影響 5G 供應鏈之韌性。因此，「中美貿易戰」成為供應鏈的環境面風險，深深影響全球。而在中美貿易戰後，更能深刻體會到供應鏈的韌性便是貿易正常發展之關鍵。

而當貿易戰的時間拉長、戰場擴大，加上集中火力猛攻華為，貿易戰漸漸升級為科技戰。美國川普政府提出的實體清單

---

146 Jiann-Chyuan Wang, *The Economic Impact Analysis of US-China Trade War*, Working Paper Series Vol. 2020-11, 4-6（2020）.

147 孚創雲端，同註 114。

[148]中有許多中國的高科技企業，其中更特別針對 5G 之設備供應商，例如華為、中興等直接被排除在美國供應鏈之外，此將影響美國本身之 5G 供應鏈韌性。其中中興雖然最後從美國的實體清單中移除，卻也付出許多的代價，例如：認罪、繳交罰款、改選董事會、創立專門法遵團隊等。

美國於拉攏盟友一同抵制中國企業後，無論盟友是否完全抵制，都顯示了 5G 全球供應鏈中每個角色都具有無法切割的相互依賴性，無論任何變動都將會影響全球的 5G 供應鏈韌性。[149]中美貿易戰不僅對於中美雙方都造成負面影響，也為全球經濟蒙上陰影。供應鏈一定有其弱點存在，提高其韌性以抵禦外界風險之干擾是必須的，當資源無法最有效的配置時，供應鏈也需重新調整並適應，意即需要降低風險並提高供應鏈之韌性，以應對供應鏈之各種變化。[150]

在美國政權轉換後，中美角力從政治，到經濟、貿易，再到科技，再專攻晶片。現今，全球之兩大國正致力於打造各自專屬之本土供應鏈，希望對彼此減少依賴，並進行「脫鉤」之目標。但兩國相互依存度極高，交織的經濟在全球化的分工之下，幾乎難以完全達成。當基於機會成本環環相扣、互相互補

148 US Department of States, “The Clean Network”, *supra* note 4.

149 Financial Times（02/07/2022）, “China, US and Europe vie to set 5G standards”, available at: https://www.ft.com/content/0566d63d-5ec2-42b6-acf8-2c84606ef5cf, last visited 1/11/2023.

150 Martin Christopher, *supra* note 5, at 11.

之供應鏈被打亂，再加上兩國於各方面之競爭導致其關係更加緊繃，全球之貿易將面臨前所未有之強烈震盪，全球之 5G 供應鏈韌性將深受巨大衝擊。[151]

供應鏈，就像是由無數個齒輪組裝而成的生產鏈，每一個齒輪代表著一個供應商，而當環環相扣之生產鏈缺少一、兩個齒輪時，供應鏈整體便無法運作而須進行調整。從上述可知，鑒於今日的經濟環境有著強大的「全球價值鏈」與「全球供應鏈」之特色，中美二國及各國間之連結更加深厚且環環相扣，兩大強國一意孤行的政策最終將由供應鏈之各國默默承受，任何一個政策也將造成供應鏈的波動並嚴重破壞供應鏈之韌性。故透過中美貿易戰，甚或是近期的新冠肺炎疫情，都讓我們體會到供應鏈風險對於供應鏈韌性之重要性。

綜上所述，中美貿易戰對於中美兩國與全球 5G 供應鏈都造成巨大擾動，不僅影響中美雙方各自的政治與經濟，對於兩國都無任何經濟利益。而基於「修昔底德陷阱」之看法，美國若要維持經濟優勢與保衛國家安全，應是與中國在競爭關係中仍保有一定程度之合作以保衛各自的國家安全又不削弱彼此之經濟利益，然其中的平衡應如何拿捏，則為二國領導者之關鍵

---

[151] James M. Cooper, *supra* note 125, at 12. Kimberly A. Houser & Anjanette H. Raymond, *It is time to move beyond the 'AI race' narrative: Why investment and international cooperation must win the day*, Northwestern Journal of Technology & Intellectual Property, 18, 129, 144（2021）.

課題。一味消除中國之力量不僅難以達成[152]，更將在兩敗俱傷之下衍生其他難題。且現今有太多全球性的議題需要國際間之合作，如全球經濟之衰退、全球氣候變遷問題、貧富不均與飢餓問題等。故雙方應該競爭但不對抗，透過合作共同解決問題，一同創造經濟奇蹟。

在中美貿易戰中，美國對於中國之指控為：中國透過不公平貿易手段竊取美國智慧財產權而削弱美國競爭力、中國藉由網際網路的入侵取得美國未經授權之智慧財產與關鍵資訊而危及國家安全。故以下本書將解構中美貿易戰之迷思，分別詳細探討關於智慧財產與資訊安全為核心之二項指控是否真確、是否存有迷思及其是否有隱藏性原因，且是否真實為需要各國注意之供應鏈風險？

貳、以智慧財產為核心之供應鏈風險

一、5G 產業標準制定

（一）專利制度之設計目的

「專利」的出現是為了「鼓勵發明人進行研發」，運用他們的知識來促進創新和經濟增長，故政策考量下提供之誘因為「專利權」之擁有，意即「排除他人未經同意而實施該專利技

[152] Chi Hung Kwan, *supra* note 121, at 71.

術」之權利。換言之，專利權的賦予，是促使企業或發明人研發與科技進步的動力。[153]透過權利之保護來提供誘因，以促進產業發展，並平衡專利權人的私益與社會大眾之間的公益。[154]

但若徹底貫徹上述意旨，則將可能阻礙技術的實施，形成所謂「技術上障礙」[155]，即欲使用該項專利之人必須支付一定金額之授權金予專利權人，即獲得專利授權，才獲取使用該項專利技術之機會。惟此項規則賦予專利權人極大之權利範圍，將可能對於科技的進步與創新和社會大眾之福祉極為不利。

（二）標準制定組織之出現

為避免上述情形並增加技術提供者進入產業之機會，由會員自願組織的「標準制定組織（Standard Setting Organization，簡寫 SSO）」應運而生[156]。標準制定組織具備

---

153 USPTO, *U.S. Patent and Trademark Office releases policy statement on standards-essential patents subject to voluntary F/RAND commitments*, 2（2019）.

154 USPTO, *Draft Policy Statement on Licensing Negotiations and Remedies for Standards-Essential Patents Subject to F/RAND Commitments*, 2-3（2021）. Kenny Mok, *supra* note 104, at 1973.

155 Joshua P. Meltzer, *supra* note 2, at 16.

156 Daniel F. Spulber, *Licensing standard essential patents with FRAND commitments: Preparing for 5G mobile telecommunications*, Colorado Technology Law Journal, 18, 79, 83 & 89（2020）.

正式結構[157]，其目標係為了調和各方利益[158]，而發布產業標準，意即決定產品之製造過程「會用到」或「應用到」之專利技術。[159]標準制定組織往往會建立智慧財產政策以鼓勵會員參與標準制定並促進技術標準的採用。[160]尤其在全球分工的時代，為了使供應鏈之上下游可以高效率的通暢合作，除了掌握產品的品質與性能，也為了提升零組件、產品、設備與系統間之互通性（Interoperability），故需要產業標準之制定。[161]

當符合產業標準之產品間具備相容性（Compatibility），則亦具備替代性，如此不僅可以降低產品製造成本，也可以減少重複研發之技術成本。[162]更可以讓廣泛、多元的設備相互交換數據，以便提供更優化的服務。[163]換言之，產業技術標

---

157 Olia Kanevskaia, *Governance of ICT standardization: Due process in technocratic decision-making*, North Carolina Journal of International Law, 45, 549, 543（2020）. ABOUT ETSI, available at: https://www.etsi.org/about , last visited 1/11/2023. & ETSI Committees, a vailable at: https://www.etsi.org/committees, last visited 1/11/2023.

158 Olia Kanevskaia, *supra* note 157, at 555.

159 ETSI, IPR Policy, 1, 3.1（2021）. Bowman Heiden, Jorge Padilla & Ruud Peters, *The value of standard essential patents and the level of licensing*, AIPLA Quarterly Journal, 49, 1, 3（2021）.

160 Daniel F. Spulber, *supra* note 156, at 83.

161 USPTO, *supra* note 154, at 5. Jeanne Suchodolski, *supra* note 125, at 10. Daniel F. Spulber, *supra* note 156, at 84 & 89. Olia Kanevskaia, *supra* note 157, at 555.

162 莊弘鈺、鍾京洲、劉尚志（2019），〈標準必要專利 FRAND 權利金計算——兼論智慧財產法院 105 年度民專上字第 24 號判決〉，《交大法學評論》，第 5 期，第 23 頁。

163 Eli Greenbaum, *supra* note 98, at 58.

準給予了製造商一個製造產品之指引藍圖，不僅具備重要的社會經濟性價值，也讓消費者取得產品高度相容之方便性，具有強烈之公益性質。[164]由產業驅動的標準制定組織，其所制定之規範將會基於以服務大眾為目標，並在利益最大化與社會利益間達成理想的平衡。[165]尤其在資訊通訊科技領域，更是仰賴標準化的過程，並藉由產品互通性達到規模經濟、通訊效率及網路效應。[166]

具跨國私人監管色彩的標準制定組織的出現其實象徵著監管權力的重新分配，將原為政府之權利分散於國際層面之各個參與者。[167]先不論一些文獻探討產業標準之有效性與合法性[168]，此類跨國私人監管的最大好處是其能夠有效的解決集體行動的失敗可能，並在多方參與者之利益間取得平衡並促進經濟發展。[169]

簡言之，產業標準為各國之各家製造商間互通之基礎和各家產品間共通之語言、溝通的媒介。[170]當產業標準統一，相

---

164 Daniel F. Spulber, *supra* note 156, at 84.

165 Olia Kanevskaia, *supra* note 157, at 552

166 Jonathan M. Barnett, *supra* note 108, at 2 & 5. 網路效應（Network effect），即當單一商品或服務的使用人數越多，每一位使用者便可獲得越高的使用價值。

167 Olia Kanevskaia, *supra* note 157, at 552.

168 *Id.* at 558.

169 *Id.* at 552.

170 Alexandra Bruer & Doug Brake, *Mapping the International 5G Standards Landscape and How It Impacts U.S. Strategy and Policy*, Information

異公司之產品間可以相互替代，則供應鏈之韌性便可隨之提升。

（三）產業標準制定之過程

5G 標準係由歐洲的歐洲電信標準協會（European Telecommunications Standards Institute，簡寫為 ETSI）和美國的電信行業解決方案聯盟（ATSI）等標準制定組織負責定義和制定標準。第三代合作夥伴計劃[171]（The 3rd Generation Partnership Project，簡稱 3GPP）則開發和設計電信標準的技術規範[172]。因此，發現任何與 5G 標準相關之專利技術的專利所有者可以向 ETSI 等相關標準制定組織申報。[173]

而各個標準制定組織之標準制定過程大同小異，通常都會使用開放、透明和基於共識[174]的流程制定標準，以解決相關

Technology & Innovation Foundation, ITIF, 4（2021）.

[171] 第三代合作夥伴計劃（3GPP）是由七個標準制定組織組成的理事會，其成員包括日本的 ARIB 和 TTC、北美洲的 ATIS、中國的 CCSA、歐洲的 ETSI、印度的 TSDSI 和韓國的 TTA。

[172] 3GPP 的標準是由諸多「Release」構成的，而 3GPP 從 Release 15 開始與 5G 相關。

[173] Jatin Singla, *5G Standard Essential Patents（SEPs）*, Copperpod IP（2022）. available at: https://www.copperpodip.com/post/5g-standard-essential-patents-seps-all-you-need-to-know#viewer-co0n3, last visited 1/11/2023.

[174] Olia Kanevskaia, *supra* note 157, at 553. ETSI Standards Making, available at: https://www.etsi.org/standards/standards-making, last visited 1/11/2023.

利益者[175]的問題。[176]若以 3GPP 為例，在 3GPP 會員大會中，各個會員會各自提交和呈現其技術貢獻予大會進行討論，最終再由所有成員討論是否同意將該技術納入標準。[177]由於技術標準發展就是為了平衡各方利益並促進創新，故標準往往會具備中立性與穩定性。[178]也因此，各個會員需要定期參與大會，一同發展並制定標準，以獲取其他成員之信任。[179]

依據「中美貿易戰」中美國對中國之指控係其將於標準制定過程中掌握極大之權利，進而將中國供應商所擁有之專利皆納入產業標準中以獲取巨大經濟利益。[180]然各個標準組織中的各種潛在的標準會經過會員彼此一連串之相互競爭後才漸漸形成一個單一或具有主導地位之標準。[181]且大會所採取之表決方式為共識決，通常需要絕大多數的同意才得以批准技術標準[182]，故通常不會因為特定利益相關者之勢力較龐大，或單一國家影響甚深而可以掌握大會決定之情形出現[183]。即便是握有大量專利之特定實體，也僅會在標準中具重要地位，而不

---

[175] 3GPP 的參與者包括私營企業、政府機構和研究組織等其他利益相關者。

[176] USPTO, *supra* note 154, at 3.

[177] Alexandra Bruer & Doug Brake, *supra* note 170, at 5-7.

[178] Olia Kanevskaia, *supra* note 157, at 565.

[179] Alexandra Bruer & Doug Brake, *supra* note 170, at 5-7.

[180] *Id.* at 3.

[181] Jonathan M. Barnett, *supra* note 108, at 7.

[182] Daniel F. Spulber, supra note 156, at 84.

[183] Olia Kanevskaia, *supra* note 157, at 565.

會因此就獨立掌握或擁有整個標準。[184]更何況，產業標準之制定目的係為了調和各方利益，具有強烈之公益性質，故實則應不會扭曲全球之市場，阻礙創新與技術發展，影響公平競爭，或偏向某些國家之要求。[185]

許多西方國家認為中國製造商，例如華為，加入標準制定過程是具有安全疑慮的。[186]亦有認為中國在大會中出現施壓於他方之情形，但其真實性與直接影響性有待商榷。[187]且文獻顯示大多數之觀察指標其實無法真實將影響力量化以進行比較。[188]因此，在民主之過程下，標準制定之過程係透過各會員一同考量、把關，若最終納入標準之技術多來自某單一國家，似乎亦不能將該現象以陰謀論之。若姑且相信標準制定之過程深受會員國之影響甚鉅，然文獻深究 3GPP 等標準制定組織之成員組成後發現，該等組織之成員國絕大多數係來自於歐洲及美洲國家，則其等之勢力應較中國顯著。[189]由此可知，美國川普政府指涉中國插手於標準制定組織，並產生不公平之標準等指控似乎站不住腳。而資訊通訊產品標準，儼然已成為

---

[184] Jonathan M. Barnett, *supra* note 108, at 7.

[185] Olia Kanevskaia, *supra* note 157, at 566.

[186] Olia Kanevskaia, *supra* note 157, at 551

[187] James Andrew Lewis, *5G: The Impact on National Security, Intellectual Property, and Competition, Center for Strategic and International Studies*, CSIS, 6（2019）.

[188] Alexandra Bruer & Doug Brake, *supra* note 170, at 5-7.

[189] Alexandra Bruer & Doug Brake, *supra* note 170, at 10-16.

政治角力的前哨站。

有認為若美國極力將華為等中國供應商排除於供應鏈之外，可能造成供應鏈二元化、標準二元化之現象，將會嚴重影響供應鏈之韌性。[190]而以近期趨勢看起來，確實已朝向供應鏈二元化邁進，而當各方進行至一定程度後便很有可能形成標準二元化之情形。由於依據不同標準而製造出之產品將不具互通性，也無替代性，則若某一供應商因突發狀況而無法正常營運時，可能會出現斷鏈之情形。標準二元化最著名的例子是 Wi-Fi 標準。中國本土開發之 WAPI 標準，因其於封閉之過程中開發制定而嵌入許多僅中國企業擁有之加密演算法，故有別於 IEEE 802.11 工作組所制定之標準。[191]而在該標準獲得官方批准後，所有在中國銷售之 WLAN 設備都必須遵守 WAPI 標準。[192]這對外國設備供應商帶來不小的衝擊，因為了能夠讓其產品同時存在於全球與中國之市場，無線設備便必須具備得以識別並閱讀兩套不同標準之技術與能力。[193]於此情形，外國企業不僅難以獲得中國企業所擁有之基本技術，其更無任何授權義務，並完全享有任意設定授權使用費之自由[194]，實則

---

[190] Branislav Hazucha, *Technical barriers to trade in information and communication technologies*, Chapter 15 in Research Handbook on the WTO and Technical Barriers to Trade, pp 549-551（2013）.

[191] Olia Kanevskaia, *supra* note 157, at 568.

[192] *Id.*

[193] *Id.*

[194] *Id.*

非常不利於科技之發展與進步，更不利於供應鏈韌性之維護。雖於 Wi-Fi 標準歧異之前例，並未造成斷鏈之窘境，但確實為外國設備供應商帶來不便。

若 5G 時代因為美中角力催化下真實出現供應鏈二元化、標準二元化之現象，美國因其指控將責無旁貸。畢竟美國過去[195]都呼籲中國應與國際標準調和，不應制定地區性標準[196]，然當其加入國際標準制定後又將其污名化。若一味將中國供應商排除於供應鏈之外，不使其參與國際性標準制定，將是邁向供應鏈二元化、標準二元化之加速器。

綜上所述，美國對於 5G 技術可能隱藏的國家安全與經濟的擔憂可能無法消退，但仍不應將對於技術的擔憂與國際標準之制定相混淆，而應著重於隱私與資訊安全之政策制定。[197]

（四）關於數據安全與隱私之標準

由於 5G 可以讓萬物連結，所有數據與資訊將大量的在 5G 網絡中交換，故 5G 標準當中，隱私需要特別注意。所有伴隨 5G 架構之安全問題都需要以標準化之方式解決且必須自標準

[195] 美國歷來都敦促中國參與此類國際努力，作為中國在國際法下的義務的一部分。這些義務包括中國在 2001 年加入世界貿易組織時同意遵守的技術性貿易壁壘協定（Agreement on Technical Barriers to Trade，TBT 協定）。該協定旨在確保國家標準化工作和相關活動不會對國際貿易造成不必要的障礙。TBT 協定規定各國應普遍使用「相關國際標準」，而不是訂定獨特的地方條件。

[196] Eli Greenbaum, *supra* note 101, at 2.

[197] Eli Greenbaum, *supra* note 101, at 4.

設計階段便將安全性考慮在內，透過威脅與風險之分析以建構5G之安全框架，而非事後考量。而「5G網路資通安全減緩風險措施工具箱（Cybersecurity of 5G Networks EU Toolbox of Risk Mitigating Measures）」也認為5G安全問題可以在標準機構的運作中得到解決[198]，而 3GPP、國際標準化組織（International Organization for Standardization，簡寫ISO）和國際電工委員會（International Electrotechnical Commission，簡寫 IEC）亦制定了許多與資訊安全相關的標準[199]；也有許多產業自行發展出與資訊安全及隱私相關之技術標準。

5G 相關之隱私與數據安全之標準最主要包括對用戶設備以及對5G網路的基站的要求。[200]例如，5G中應用程序的身份驗證與密鑰管理、數據機密性與完整性、用戶隱私與網路可用性、5G網路安全認證計畫等。[201]而由於5G的廣泛運用可能，在未來的應用中，隱私要求將變得非常重要，並且更側重於維護用戶隱私、網路隱私以及設備隱私。[202]其中包括用戶的位

---

[198] NIS Cooperation Group, Cybersecurity of 5G networks EU Toolbox of risk mitigating Measures, 10（2020）.

[199] Joshua P. Meltzer, *supra* note 2, at 30.

[200] Connor Craven, 5G Security Standards: What Are They?（2020）https://www.sdxcentral.com/security/definitions/data-security-regulations/5g-security-standards/, last visited 1/11/2023.

[201] *Id.*

[202] IEEE, Security and Privacy Aspects in 5G Networks（2020）. Available at: https://ieeexplore.ieee.org/document/9306740, last visited 1/11/2023.

置、通信頻率、行動網路的可識別用戶之資訊、網路中的應用程序、設備位置、所有者資訊、設備使用、數據和通信模式等。[203]

有認為當中國積極參與標準制定可能會加速中國對於數據之控制及隱私之侵犯，但本書認為此種積極參與不妨是一種藉由其關注之部分了解中國之機會，亦可以利用國際互動來制衡中國以解消許多國家之擔憂。承上所述，許多國家擔憂 5G 技術可能隱藏的國家安全與經濟之威脅，然不應將對於技術的擔憂與國際標準之制定相混淆，而應著重於數據安全與隱私之政策制定，從數據安全與隱私之標準進行有效之保護。

二、5G 標準必要專利

（一）標準必要專利之設計目的

「標準必要專利（Standard Essential Patent，簡寫為 SEP）」為製造商在依據產業標準製造產品之過程中「必要且必須使用到之專利」。[204]換言之，只要該特定受專利保護的技術，經標準制定組織採納為產業製造標準，則該專利即成為「標準必要專利」。目前 5G 的標準必要專利於資訊通訊領域中較為明朗，然在其他應用領域中尚屬未知。[205]

---

203 *Id.*

204 ETSI, *supra* note 159, at 7.

205 Tim Pohlmann & Magnus Buggenhagen, *supra* note 114, at 4.

（二）標準必要專利之認定

標準必要專利之認定方法眾多，其中包含「自我宣稱（Self-declared）」之方式[206]，即任何發現與 5G 標準相關之專利技術的專利所有者可以向 ETSI 等相關標準制定組織申報，並有機會納入標準。

然而標準制定組織通常不會自行認證一個自我宣稱之標準必要專利是否確實對於標準制定為必要，而僅會單方面的在標準最終確定前詢問專利權人其是否確信其宣稱之專利確為「必要」的。[207]因此，剛開始採用自我宣稱之方式之初十分精準，惟後期由於過度宣稱具有強大誘因，往往有浮報之問題。透過浮報專利數量，除了可以盡量將授權金收益最大化，也可以避免因未申報為標準必要專利而受罰。[208]故自我宣稱的標準必要專利數量一定會多於實際施行標準後的標準必要專利數量。[209]實證研究更指出，每 8 個標準必要專利中，就會有一個

---

206 *Id.* at 2-4. & 莊弘鈺、鍾京洲、劉尚志，同註 162，第 25、26 頁。

207 John Jay Jurata, Jr. & Emily N. Luken, *Glory days: Do the anticompetitive risks of standards-essential patent pools outweigh their procompetitive benefits*, San Diego Law Review, 58, 417, 429（2021）.

208 David J. Kappos, *Comparing the strength of SEP patents portfolios: Leadership intelligence for the intelligence community*, Journal of National Security Law & Policy, 12, 193, 196（2022）. John Jay Jurata, Jr. & Emily N. Luken, *supra* note 207, at 12.

209 Daniel F. Spulber, supra note 156, at 99. David J. Kappos, *supra* note 208, at 196.

是「假」標準必要專利。[210]故若要單純以專利數量判斷專利品質較為困難，透過專利技術報告書之分析將較為準確。[211]

（三）5G 之標準必要專利

5G 供應鏈中，截至 2022 年 1 月，全球共提交了 245,159 件標準必要專利申請。美國以 45,798 件申請居首，世界智慧財產權組織和中國分別以 39,723 件和 39,515 件緊追在後。[212]其中已有約 71 家企業針對 3GPP 與 5G 相關的 228 個規範，共申報了 46,182 個專利家族。[213]主要標準必要專利宣告企業中，前 7 家企業為華為、三星、高通、LG、中興、諾基亞、愛立信。[214]而截至 2022 年 11 月，專利家族數量則上升至 47,389 個。[215]主要標準必要專利宣告企業中，前 7 家企業為華為、高通、三星、LG、中興、愛立信、諾基亞。[216]

---

210 John Jay Jurata, Jr. & Emily N. Luken, *supra* note 207, at 12. & Mark A. Lemley and Timothy Simcoe, *How Essential Are Standard-Essential Patents?*, 104 Cornell L. Rev. 607（2019）

211 張遠博（2021），〈5G 標準必要專利動態觀察〉，《產業雜誌》，第 619 期。http://www.cnfi.org.tw/front/bin/ptdetail.phtml?Part=magazine11010-619-10 ，最後瀏覽日：2023 年 1 月 11 日。

212 Jatin Singla, *supra* note 173.

213 *Id.*

214 *Id.*

215 SEP OmniLytics, available at: https://app.patentcloud.com/sep/?utm_source=naipo&utm_medium=profile&utm_campaign=column, last visited 1/11/2023.

216 *Id.*

而上述專利之相關數據與文獻分析多係參考歐洲電信標準協會之數據[217]，但依據計算方式之不同，認定結果就會不同，再加上需考量通報專利數量之時間差距，故似乎難以單純依據專利數目認定何製造商擁有最多的標準必要專利。[218]由於各家公司持續發展且不斷提出與 5G 相關之新專利申請，故相關數據不斷在變動，各家標準必要專利宣告公司之專利宣告數量排名也不斷在洗牌，這也是為何無法斷言在 5G 之領域中誰是目前的稱霸者。

5G 將會為資訊通訊領域帶來翻天覆地的變化，影響著幾乎所有行業，進而影響到終端產品。[219]而 5G 包含一系列需要標準化的新技術，標準必要專利將在 5G 標準化中發揮至關重要之作用。故若一個專利被認定為 5G 標準必要專利，則因為其為關鍵技術，故製造商難以在未獲授權之下，於遵循標準的同時避免專利侵權之發生。[220]但為了避免標準必要專利之專利權人濫用專利權而生「挾專利以令諸侯」之情形[221]，標準制定組織有必要制訂一個專利授權之原則。而此原則即為「公平合理無歧視原則（Fair, reasonable and non-discriminatory，

[217] Tim Pohlmann & Magnus Buggenhagen, *supra* note 114, at 2.

[218] Alexandra Bruer & Doug Brake, *supra* note 170, at 8.

[219] Jatin Singla, *supra* note 173.

[220] Bowman Heiden, Jorge Padilla & Ruud Peters, *supra* note 159, at 3.

[221] Kenny Mok, *supra* note 104, at 1981 & 2001.

簡寫為 FRAND）」。[222]

三、5G 專利授權原則與權利金

（一）專利授權原則—FRAND 原則

FRAND 原則，即「公平合理無歧視原則」，是為了確保參與產業標準之專利權人就該標準必要專利權，得以「公平、合理、無歧視」之原則授權予第三人使用標準必要專利。此原則係為求全體公共利益而設，然近年來，與 FRAND 原則相關之訴訟呈現爆炸性的成長，為企業帶來不小之風險，而此類爭議往往源於授權契約之雙方對於 FRAND 承諾意涵的看法不一[223]，故標準必要專利所適用的 FRAND 原則之定義極為重要，以下可以透過標準制定組織之智慧財產政策、私人間談判協商與司法裁決之案件了解其意涵。[224]

1.標準制定組織之智慧財產政策

各個標準制定組織之智慧財產政策大同小異，僅有特定的 FRAND 條款會依據不同的組織而有變化，為了方便敘述，本書聚焦於 ETSI 之智慧財產政策進行討論。標準化之成功因素即為標準制定組織之公開、共識決與 FRAND 政策。標準制定組織之智慧財產政策中，通常會對於其成員課予兩項要求，其

---

[222] USPTO, *supra* note 154, at 5.

[223] Eli Greenbum, supra note 101, at 1.

[224] Daniel F. Spulber, *supra* note 156, at 79.

一為完整之揭露義務[225]。承前所述，標準制定組織之標準制定之過程係由各個會員各自提交和呈現其技術貢獻於大會中，最終再由所有成員討論以共識決決定是否同意將該技術納入標準。[226]故於會員要求標準制定組織將其專利納為標準必要專利之階段，即有完整揭露其專利技術之義務，以便讓所有成員討論是否同意將該技術納入標準。[227]

另一要求為遵循 FRAND 原則之承諾。為了避免標準必要專利之專利權人濫用其專利權與技術上的優越性，有意要求過高之授權金，藉以隱藏必要的技術或壟斷技術而壓迫競爭對手，造成「專利箝制（Patent Hold-up）」之風險[228]，也為了保護創新者對抗「搭便車」之實施者並取得適當之報酬[229]，標準制定組織往往要求擁有該標準必要專利之成員應承諾以「公平、合理且無歧視」之原則將專利授權予他人實施。[230]不僅可以促進科技的進步與創新，亦可達成追求社會最大福祉之目標。若專利所有者拒絕承諾，標準制定組織將不會將其技

225 ETSI, *supra* note 159, at 1-2. USPTO, *supra* note 154, at 3. Daniel F. Spulber, *supra* note 156, at 84.

226 ETSI, *supra* note 159, at 1. Daniel F. Spulber, *supra* note 156, at 101.

227 USPTO, *supra* note 154, at 3-4.

228 莊弘鈺、鍾京洲、劉尚志，同註 162，第 24 頁。

229 Olia Kanevskaia, *supra* note 157, at 556.

230 莊弘鈺、鍾京洲、劉尚志，同註 162，第 25 頁。Eli Greenbaum, *supra* note 98, at 56-57.

術納入標準。[231]特別的是，該承諾是不可事後撤回的，且第三方可以執行的，故若專利所有權人未遵循 FRAND 原則，第三方可以向法院請求。[232]

所謂的「FRAND 原則」，係指專利所有者與潛在專利實施者在協商授權的過程中，應該要保持善意的談判過程。[233]標準制定組織設計 FRAND 即是為了平衡標準必要專利所有者與實施者間之利益。[234]除了必須提供經濟上的誘因並給予標準必要專利所有人適當且公平的回報[235]，以鼓勵其開發智慧財產並將其貢獻於標準化的過程；另一方面亦須給予標準必要專利實施者動力參與標準化，採用標準中所含之技術，並進而依據標準化技術進行投資。[236]為了滿足上述情形及調和所有標準制定組織的各成員不同之經濟利益，標準制定組織通常都是保持中立之地位，所制定的 FRAND 原則必將為一般性之大

231 John Jay Jurata, Jr. & Emily N. Luken, *supra* note 207, at 3.

232 John Jay Jurata, Jr. & Emily N. Luken, *supra* note 207, at 3.

233 USPTO, *supra* note 154, at 4. 沈宗倫（2017），〈標準必要專利之法定授權與專利權濫用——以誠實信用原則為中心〉，《政大法學評論》，149 期，第 52 頁。

234 Ruben Cano Perez, *Non-discrimination under FRAND commitment: One size fits all, or does not fit at all*, Les Nouvelles, 54, 257, 259（2019）. John Jay Jurata, Jr. & Emily N. Luken, *supra* note 207, at 3.

235 Anne Layne-Farrar & Richard J. Stark, *License to all or access to all? A law and economics assessment of standard development organizations' licensing rules*, George Washington Law Review, 88, 1307, 1315（2020）.

236 Daniel F. Spulber, *supra* note 156, at 84.

框架而非細節性之規定。[237]因此有認為 FRAND 政策過於模糊，亦有認為其為不完整之契約。[238]

標準制定組織之 FRAND 原則相關政策中並未指明特定數額之授權金係「公平」、「合理」；對於「無歧視」之看法也僅表示係與「情況相似」之專利實施者進行談判之比較，即對於相似情況之實體一視同仁，而並非代表其施加限制於授權金的數額訂定。[239]從經濟角度而言，其實是支持專利權人在不同的終端用途間進行價格的歧視[240]，而於此情形，也是一種不相似之情況，故有不相似之價格亦為合理。

整體而言，標準制定組織並未提供 FRAND 之正式定義，也未對於專利授權金設定價格之上限與下限，更未提供獲利分享與租金分享機制等資訊。[241]且 FRAND 承諾本即不意味著專利授權條款與授權金的統一性，因為一旦由標準制定組織確立了一個基準數額後，將會限制了授權談判之空間，使標準制定組織失去中立性，進而增加交易成本、降低經濟效益，從而削弱 FRAND 原則之初衷。[242]相反的，FRAND 承諾提供了談判的空間，因為專利授權談判通常會在技術標準建立後始進行，

---

237 Daniel F. Spulber, *supra* note 156, at 84-86. Eli Greenbaum, *supra* note 98, at 57.

238 Daniel F. Spulber, *supra* note 156, at 86.

239 Daniel F. Spulber, *supra* note 156, at 90.

240 Eli Greenbaum, *supra* note 98, at 57.

241 Daniel F. Spulber, *supra* note 156, at 86.

242 *Id.* at 101-102.

且專利授權僅及於專利權人與被授權人間，而授權金往往難以一概而論，且會隨著專利的有效期間、技術變化、市場力量等因素而變動，故給予標準必要專利所有者與實施者於雙方談判的過程中，依據雙方情形訂定授權契約條款內容之彈性將較符合市場機制，也較能創造經濟效益。[243]

簡言之，學說及實務對於 FRAND 之論述存有差異，也並無一個一刀切之定義。標準制定組織對 FRAND 之規範具普遍性，故如何的情形可以被認定為「公平」、「合理」且「無歧視」仍須依賴個案私人間之談判協商的過程與結果而斷定，而判斷標準也會隨著產業的發展與時間之推移而有變化。[244]

2.私人間談判協商

如何的情形可以被認定為「公平」、「合理」且「無歧視」必須依賴個案私人間之談判協商的過程與結果而斷定，已如前述。而標準制定組織的出現除了為平衡產業參與者間之利益外，其重要的兩個核心即為「經濟」與「效率」。其中，透過 FRAND 原則所創造之經濟效益，其實就是仰賴專利所有者與實施者間之契約談判，雙方透過善意協商後所促成之契約條款將較具多元性，也是基於資訊平等與互利之基礎，進而達到利益最大化之效果。[245]如此應運而生之 FRAND 授權契約才將

243 *Id.* at 86 & 111.

244 *Id.* at 90.

245 *Id.* at,81.

會是支撐技術快速變革與經濟進步的重要動力。

3.司法裁決之案件

透過標準制定組織成員協調而成之 FRAND 政策，其模糊性雖給予雙方談判的空間，但也因此在雙方面臨紛爭時，並未能有明確之指引。[246]此時便需要司法之介入。

法院為了要解決紛爭，通常必須先了解何為 FRAND 運作的合理程序與態樣，而法院也往往會參酌標準制定組織之智慧財產政策與過往中實際的授權合約，以創造出其所認定之 FRAND。[247]於計算個案的合理損害賠償時，法院亦必須有其一定之計算基準或公式，且其必為法院參考許多因素後所得出之一般性標準。[248]此項「經法院裁定的 FRAND 原則」便可供大眾參考，於私人協商間進行談判。[249]

惟其界限之拿捏為另一個深奧學問，不僅不應過於詳細而難以於實務上運用，也不應限制私人間之協商，過度的影響標準制定亦可能使得標準制定組織無法提供有效之引導。[250]以下將透過說明與 FRAND 原則相關之判決見解，了解法院對 FRAND 原則之看法。

美國與英國皆有相關之法律判決認定 FRAND 之意涵，其

246 Eli Greenbum, supra note 101, at 3.

247 Daniel F. Spulber, supra note 156, at 109.

248 *Id.* at 109.

249 *Id.* at 109.

250 *Id.* at 91.

中，TCL v. Ericsson 案[251]中認為法院應利用類似的實際授權協議進行判斷，因實際發生之授權反映了專利技術的市場經濟價值。[252]Unwired Planet v. Huawei 案[253]也支持法院用過去的授權協議為實際證據以定義 FRAND，並區分分別用於 2G、3G、4G 標準之專利技術為判斷。[254]此外，該判決亦認為授權契約有以 FRAND 為目標進行即為合理，而不需完全符合 FRAND 原則。[255]

所謂的「無歧視」係指一般性之意義，而非嚴格之意義，意即並非所有情形之下皆須完全相同，但必須於個案認定之下皆為「公平」、「合理」且「無歧視」，亦不應過低而有破壞競爭之虞。[256]在 TCL v. Ericsson 案中可知，法院認為是否具有「相似情形」之判斷標準為：企業之地理範圍、企業所需之授權、合理之銷量；與之無關的則為：企業之整體財務情形、企業面臨之風險、品牌認知度、設備之操作系統與零售店之佈局。[257]判斷重點即為：在供應鏈中是否處於相似之位置。[258]

251 美國案件。

252 Daniel F. Spulber, *supra* note 156, at 110.

253 英國案件。

254 Daniel F. Spulber, *supra* note 156, at 110.

255 *Id.* at 110.

256 沈宗倫，同註 233，第 61 頁。莊弘鈺、鍾京洲、劉尚志，同註 162，第 56 頁。

257 Daniel F. Spulber, *supra* note 156, at 110. Eli Greenbaum, *supra* note 98, at 58.

258 Eli Greenbaum, *supra* note 98, at 58.

於此判斷下，同一產品的供應商應被視為處於相似之位置，而無論其產品係高端或低端產品，專利所有人皆不應透過對其等提供不同金額之授權金來藉以區別。[259]而位處異地、生產不相互競爭之不同產品之企業之間則可以允許收取相異之授權金。[260]Unwired Planet v. Huawei 案也認為關鍵核心為「相似情形」之判斷，並對此有相似見解，指出在決定交易間是否相似時，必須將潛在的疑義之處都列入考量範圍。[261]

因此，透過法院見解可知並沒有任何一個單一的費率將必然符合 FRAND 原則，向身處不同情形之不同實施者提供不同的費率，也可能是符合 FRAND 原則，必須個案認定始為合適。[262]因為實際上，絕對不會有百分之百完全相似之交易，故任何的評估都應審慎、仔細地進行。Unwired Planet v. Huawei 案也認為，在某些條件下，標準必要專利持有人可以區別的對待兩個情形相似的被授權人且設定不同授權金價格是有利於社會福祉的。[263]

法院近期的判決確實為專利實施者提供了對於 FRAND 所急需的明確性，而能潛移默化地成為 FRAND 實質內容對話之

[259] *Id.*

[260] *Id.* at 56.

[261] *Id.* at 59. Ruben Cano Perez, *supra* note 234, at 262.

[262] Daniel F. Spulber, *supra* note 156, at 110.

[263] Ruben Cano Perez, *supra* note 234, at 261 & 265.

一部分。[264]然全球許多標準制定組織所建立之 FRAND 政策相似且已穩定維持近 50 年[265]，因較接近產業之運作，標準制定組織與市場參與者等私部門將較政府機構或法院更熟悉技術與市場之現況，對於利益之間的衡平也較具優勢。[266]再者，FRAND 承諾是標準必要專利所有者與標準制定組織間之契約，也因此 FRAND 義務並無單一之解釋，應以當事人之意思為目的解釋，產業中的專利實施者實際上也僅為契約的利益第三人。[267]故「經法院裁定的 FRAND 原則」可供大眾參考，但不應擴大其效力於特定紛爭之外的產業中其他參與者，甚或是凌駕於標準制定組織之政策或私人間談判之決定。[268]

綜上所述，標準制定組織之智慧財產政策提供了 FRAND 之骨架，私人間談判協商提供了 FRAND 之肉，司法裁決之案件則提供了 FRAND 之血，填補縫隙始之更加完整，且本書認為後二者在未來將會不斷的對話並相互影響，而標準制定組織亦可以自行調整其 FRAND 政策以呼應法院之判決與市場之需求。[269]透過標準制定組織之智慧財產政策、私人間之談判協商與司法裁決結果推論出FRAND承諾的明確意義。而FRAND

[264] Eli Greenbaum, *supra* note 101, at 18.

[265] Daniel F. Spulber, *supra* note 156, at 93.

[266] *Id.* at 111.

[267] Anne Layne-Farrar & Richard J. Stark, *supra* note 235, at 1314.

[268] Daniel F. Spulber, *supra* note 156, at 111-112.

[269] Eli Greenbaum, *supra* note 101, at 18.

承諾之所以可以創造經濟效益便是因為其給予私人談判極大的空間，可以彈性的依據雙方當事人之情形調整至最適切的條款內容，並將利益最大化。此時，「經法院裁定的 FRAND 原則」雖可供大眾參考其對於 FRAND 原則特定用語之解讀，但基於司法之最後手段性與最小侵害性，司法不應左右他人之決定，而應僅於當事人無法自行談判或排解紛爭時始加以介入。法院亦應專注於特定紛爭之解決，而不應將其對於特定案件之判斷標準與判決效力擴及於案件外之所有產業與其他市場參與者。[270]若法院逕以統一之定義完全介入 FRAND 授權談判，久而久之，雙方將會不致力於善意協商，而會選擇逕向法院提告並由其決定，而使得自由之市場轉向為管制之市場，如此將與標準制定組織之建立目標相違。[271]

（二）FRAND 原則適用與專利權利金計算

單一產業標準往往涉及成千上百項專利技術，當供應鏈中各個供應商與專利實施者皆支付專利授權金後，終端產品可能產生「專利金堆疊（Royalty Staking）」之情形，實則不利於消費者。[272]因此，如何在多種合理的權利金計算方式中，找尋適合 5G 相關之計算方式極為重要。[273]唯有恰當的解釋與適

---

270 Daniel F. Spulber, *supra* note 156, at 111-112.

271 Eli Greenbaum, *supra* note 101, at 7.

272 沈宗倫，同註 233，第 42 頁。

273 Tim Pohlmann & Magnus Buggenhagen, *supra* note 114, at 7. 沈宗倫，同註 233，第 42 頁。Daniel F. Spulber, *supra* note 156, at 111.

用前述之 FRAND 原則，才能達成標準制定組織之建立目標並避免更複雜之新問題產生。

1.FRAND 適用方式

延續上方思考，FRAND 原則存在之優點在於，可以使標準系統中的所有參與者受益。這些承諾為潛在專利實施者提供了一定會被許可的保證，有助於鼓勵標準的廣泛採用。進而使標準必要專利持有者受益，也可以使企業生產的產品成本更低，消費者也從中受益。[274]故專利授權是一個讓創新者將其發明金錢化以回報其投資的重要方法[275]，而 FRAND 承諾則是平衡此項私益與大眾公益的設計，然此將產生一個如何共享標準化成果的掙扎，即 FRAND 承諾是否應該被解釋為「所有參與者都能獲得授權」？專利法之規定原則上並無對於授權的選擇施加任何限制，因此專利所有人應有基本之自由可以選擇授權予「何人」以及授權至「何種程度」。[276]惟有認為 FRAND 承諾應是要求標準必要專利權所有者「向所有參與者授權」，但標準制定組織智慧財產政策並未規定專利所有人必須要對整個供應鏈上之每個實體進行授權之義務[277]，此也可能與專利

---

274 USPTO, *supra* note 154, at 4.

275 Anne Layne-Farrar & Richard J. Stark, *supra* note 235, at 1312.

276 Anne Layne-Farrar & Richard J. Stark, *supra* note 235, at 1312-1313.

277 ETSI 僅要求專利所有者同意「將根據 FRAND 條款向標準實施者授予不會撤銷之授權」，換言之，ETSI 僅要求專利所有者同意部會將技術單獨保留予自己而完全拒絕向他人授權。

耗盡原則衝突，更可能衍生其他問題。[278]

有文獻自法律面及經濟面切入深入分析。[279]支持方認為，由於授權與技術障礙相關，故任何實施者只要有需要，專利所有者即須給予授權，即所謂「License-to-all」。反對方則認為，FRAND 承諾僅係要求專利所有者透過 FRAND 條款和相關條件授權以提供其專利技術，但並未要求標準必要專利所有者必須向所有人授權，且並非所有實施者都需要獲得標準必要專利之授權，此為「Access-to-all」。[280] 前者之論點似乎帶有「迫使」標準必要專利所有人授權其專利之策略，而後者之解釋方式則似乎較足以保障創新者之專利權，同時也不會阻止任何人使用該技術。[281]前者論點 License-to-all 之缺點在於一定會降低創新的誘因，也會使得創新者降低參與標準制定活動之意願。[282]迫使授權給所有人更會造成「專利路跑」之情形。[283]但如果大家都按照 FRAND 承諾進行協商談判，其實是可以解決「專利箝制」、「專利金堆疊」和「專利叢林」的問題。

有認為標準必要專利權所有者必須向所有參與者授權，是基於供應鏈中之所有實體都需要專利授權以生產產品，若未獲

[278] Daniel F. Spulber, *supra* note 156, at 103. Anne Layne-Farrar & Richard J. Stark, *supra* note 235, at 1316.

[279] Anne Layne-Farrar & Richard J. Stark, *supra* note 235, at 1307.

[280] Anne Layne-Farrar & Richard J. Stark, *supra* note 235, at 1309.

[281] *Id.* at 1309.

[282] *Id.* at 1326-1327.

[283] *Id.* at 1344.

授權即無法實施專利，將生技術上障礙；也有認為專利實施者不主動尋求專利授權將會面臨重大風險。[284]但事實上，產業中大多數的專利實施者都是先實施專利技術後，等待專利所有者主動聯繫，再進行授權談判的。在典型的協商中，專利實施者其實不用主動尋求授權以展現善意，而僅需被動的回覆標準必要專利所有者的 FRAND 要約。[285]故 License-to-all 似乎為一種迷思。

簡言之，法律政策上之文義解釋並未要求授權予所有人，亦並非所有人都需要授權，更並非所有標準必要專利對於實施特定標準都是必須的。[286]就經濟上而言，若將專利授權予所有人，則市場上所有競爭者都將不存在任何區別，在對於專利權人補償不足之下，將無誘因鼓勵其參與標準制定與技術創新，進而無助於科技進步。不論自法律面或經濟面觀之，皆無法推論 FRAND 承諾為「授權予所有參與者」[287]，且標準制定組織之規定皆並非將 FRAND 視為需要授權給所有人之義務。[288]由於 FRAND 承諾為契約，故應向誰授權應視專利所有人與標準制定組織之間之契約進行解釋，而硬性的強加解釋很可能

---

284 *Id.* at 1320.

285 *Id.* at 1320.

286 John Jay Jurata, Jr. & Emily N. Luken, *supra* note 207, at 7.

287 Anne Layne-Farrar & Richard J. Stark, *supra* note 235, at 1307.

288 *Id.* at 1321.

損害社會福祉。[289]

本書認為 FRAND 原則既然為平衡利益之手段，當這項政策被過度的執行，就會導致天秤的失衡。而每個個案不同情形之公平有不同，故確實應依據個案認定、依據個案進行天秤的平衡。因此，專利所有者究竟應將標準必要專利授權予何人，以及標準制定組織之智慧財產政策是否有施加特別義務於專利所有者，應視個別契約之用字與實際內容而判斷。[290]

2.專利權利金計算

其實標準制定組織的智慧財產政策提供的是框架性之指引，已如前述，其並未提供權利金之計算方法，而是交由私人雙方進行協商，由雙方當事人選擇其所欲使用之權利金計算方式，且公司間不同之議價能力會造成價格間之差異。[291]有認為，權利金計算應基於「該專利為產品增加之價值」，也有認為應該基於「該專利於技術標準化後所增加之價值」，更有認為，應該依據「該專利對標準所代表之技術增量貢獻」估計並設定總額上限，但所謂之「增量貢獻」其實難以估計。[292]因此，實務上存有許多種權利金計算方式。包含假設協商法、具體增值法、自上而下法、自下而上法、可比較授權法與最小可

289 *Id.* at 1307 & 1320-1321.

290 Anne Layne-Farrar & Richard J. Stark, *supra* note 235, at 1322-1326.

291 Eli Greenbaum, *supra* note 98, at 57.

292 Daniel F. Spulber, *supra* note 156, at 115.

銷售專利實施單位法。[293]

（1）假設協商法（Hypothetical negotiations）

Georgia-Pacific v. The United States Plywood 案是過去 40 多年來在美國法院評價標準必要專利授權最常援引的判例，法院在採取假設協商法以決定損害賠償時，通常都會參酌修改版之 Georgia-Pacific 因素。包含專利權人曾以可比較的 FRAND 授權條件將發明授權他人，而有實際上的權利金額可資參考、授權之性質與範圍、專利對標準所具技術能力的貢獻度等 15 個因素。[294]

（2）具體增值法（Incremental Value Rule）

具體增值法，係指根據其對標準必要專利所屬標準的貢獻數量，逐步增加必要專利的價值。雖有美國聯邦貿易委員會建議使用其來認定 FRAND 價值，但在 Microsoft v. Motorola 案中[295]，由於法院認為貢獻數量與價值之計算在現實世界中實在難以計算，亦難以達成，故法官部分反對使用此具體增值法。[296]

---

[293] Kamaldeep Singh, *Calculating Damages During Patent Litigation*, Copperpod IP（2020）. Available at: https://www.copperpodip.com/post/2020/03/18/calculating-damages-during-patent-litigation, last visited 1/11/2023.

[294] *Id.*

[295] USPTO, *supra* note 153.

[296] Copperpod, *Calculating Damages During SEP Litigation*, Copperpod IP（2020）. Available at: https://www.copperpodip.com/post/calculating-damages-during-sep-litigation,

（3）自上而下法（Top Down Approach）

美國之 TCL v. Ericsson 案中，法院提出之計算方式即為「自上而下計算法」，即須先找出該標準中所有標準必要專利的集體總權利金，再找出本案中專利權人所擁有的專利組合數量，其於所有標準必要專利總數量的占比，然後再將二者相乘以推算出合理之權利金，故其特點為有一定之上限額。[297]

但其存在相當多之缺點。美國之 TCL v. Ericsson 案就認為不需要一刀切之費用計算方式。[298]Huawei v. ZTE 案則認為，自上而下的計算方式不一定就代表符合 FRAND 原則，也不一定即無歧視之存在，反而將因為具有總額上限之設定減少協商之彈性而減少優勢。[299]從 Unwired Planet v. Huawei 則可知英國法院認為依據「公平合理無歧視原則」之授權為國際授權，費率並非單一不變，而是可以依據專利組合之價值進行個案認定。[300]以自上而下的計算方式將喪失透過協商而達成雙方互利之可能性。[301]

---

last visited 1/11/2023.

297 楊智傑（2019），〈2018 年英國 Unwired Planet v. Huawei 案（三）：標準必要專利合理權利金的計算方法？〉，《北美智權報》第 239 期。http://www.naipo.com/Portals/1/web_tw/Knowledge_Center/Infringement_Case/IPNC_190619_0501.htm，最後瀏覽日：2023 年 1 月 11 日。

298 Daniel F. Spulber, *supra* note 156, at 111

299 *Id.* at 112.

300 朱翊瑄（2019），〈Unwired Planet v. Huawei-英國的華為標準必要專利國際授權之爭議〉，《科技法律透析》，第 31 卷第 9 期，第 25~32 頁。

301 Daniel F. Spulber, *supra* note 156, at 112-113.

由法院訂定授權金之總額上限雖有益於大眾掌握授權金之費率，可能可以避免權利金堆疊的問題，惟金額之天花板固定後，則依賴越多新興技術之各別創新所可分得之金額將會有限，也將減弱創新之誘因。[302]且標準必要專利之認定方式複雜，即便為標準制定組織都難以確定，更何況是較不熟悉技術之法院。[303]若法院誤解或不了解技術之運作，則極有可能訂定了不適宜之總額上限。[304]即使訂定了準確適當之總額上限，欲於其總額限度內分配適當額度之授權金予各專利所有者，也仍需耗費不少時間，也可能有降低效率之問題產生。[305]再基於司法之最後手段性與最小侵害性，法院欲設定授權金計算方式並介入私人授權契約之舉動可能已經超越法院「解決特定紛爭」之使命範圍，更不利於市場經濟。[306]

（4）自下而上法（Bottom Up Approach）

自下而上計算法與具體增值法有許多相似之處，但其先設定採用其他合理替代技術的成本，再將該成本除以侵權單位的數量，用以決定每單位專利權利金的最大值。惟其缺點亦在於技術成本價值難以準確估計。[307]

302 Daniel F. Spulber, *supra* note 156, at 112.

303 *Id.* at 113.

304 *Id.* at 113.

305 *Id.* at 113.

306 *Id.* at 113.

307 Copperpod, *supra* note 296.

（5）可比較授權法（Comparable license）

可比較授權契約分析法著重上述 Georgia-Pacific 在可比授權方面的兩個因素，即專利權人在與 FRAND 授權情況相當的其他情況下授權涉案專利所收取的使用費、被授權人為使用與涉案專利具有可比性的其他專利所支付的費率。[308]

換言之，是尋找過去是否有情況較為接近的、專利權人曾經簽署過的真正授權契約，並以之作為參考基準進行合理權利金之估算，即拆解其他人的授權契約用以比較衡量。[309]中國、英國和美國都使用這種 FRAND 損害賠償確定方法。其中，英國法院最近在 Unwired Planet 案的判決也肯認了可比較授權之使用，也認為可以透過使用可比較授權以認定 FRAND 費率。[310]

英國法院在 Unwired Planet v. Huawei 中，不僅提供了適用 FRAND 原則之詳細的計算之授權金，[311]也認為在某些條件下，設定不同授權金價格是有利於社會福祉的。[312]其中有法官認為原則上應該透過可比較授權契約找出權利金的基準，而後以專利數量比例估算合理權利金數額，由上而下計算法中所

---

[308] *Id.*

[309] 楊智傑，同註 297。

[310] Copperpod, *supra* note 296.

[311] Eli Greenbaum, *supra* note 98, at 58.

[312] Ruben Cano Perez, *supra* note 234, at 261.

得出之整體權利金上限，則作為一種交叉檢驗之方法。[313]

（6）最小可銷售專利實施單位法（SSPPU Approach）

最小可銷售專利實施單位法即是依據專利技術使用的最小單元、模組或零件計算損害賠償。[314]此由美國法院所創，因初審法院認為使用最小可銷售專利實施單位法為授權費計算基礎，非常適合確保標準必要專利之授權使用費為合理且無歧視的。而聯邦巡迴法院更發現最小可銷售專利實施單位法是將授權使用費進行分攤的適合基礎，故提供陪審團計算專利損害賠償數額。[315]

由上述整理可知，法院對於 FRAND 原則之見解將影響法院對於授權金之判斷。而授權金之計算方式也相當多元，然法院實不應介入專利授權金談判，法院若限制授權金價格，將可能影響私人談判之效率而導致市場失靈，甚至抹上強制授權的色彩。[316]「經法院裁定的 FRAND 原則」雖可供大眾參考，但若一味地加上「總額上限」之規定限制私人間談判，或適用「一刀切」、「一體適用」的條款或授權計算方式，則將阻礙

313 楊智傑，同註 297。

314 Copperpod, *supra* note 296.

315 Timothy Syrett, *The SSPPU is the Appropriate Royalty Base for FRAND Royalties for Cellular SEPs*, IPWatchdog（2021）. Available at: https://ipwatchdog.com/2021/05/11/ssppu-appropriate-royalty-base-frand-royalties-cellular-seps/id=133403/#

316 Daniel F. Spulber, *supra* note 156, at 114.

私人談判之效率與效益，更無法反映個案間之差異。[317]在考量各公司之細微差距之下，可能反而是具歧視性的。且若市場中所有人的授權金等成本皆一致，則商品將不存在價差，則在市場中將可能只會有相同售價之產品出現，如此將最終損害消費者權利。[318]故最佳之解決方式應由授權雙方私下進行協商，由市場機制決定應以何種計算方式較符合雙方當事人之真意。

當單一企業擁有許多專利，又其專利大都納入產業技術標準時，則許多供應鏈參與者便需要實施該專利。此時之 FRAND 原則便極為重要，然 FRAND 原則之意涵並未特定、專利授權金計算方式亦相當多元，是否確能達成公平、合理、無歧視之情形有疑慮，若無法達成 FRAND 原則立意之初所欲達成之目標，則此不特定與多元性便造成供應鏈中之不確定因素，將可能為供應鏈帶來需求面或供應面風險，而此類風險於供應鏈中將難以控制或預測，進而降低供應鏈韌性。

另外，授權金堆疊問題亦是近期關注焦點。有認為單獨考量單一標準必要專利，將造成授權金堆疊[319]。但其實有很多避免之方法。FRAND 原則之適用其實並不會造成「授權金堆疊」之問題產生。[320]因專利法中，本即有關於「專利權耗

317 Daniel F. Spulber, *supra* note 156, at 81.

318 Ruben Cano Perez, *supra* note 234, at 264.

319 Ruben Cano Perez, *supra* note 234, at 265.

320 Daniel F. Spulber, *supra* note 156, at 87.

盡」，即「第一次銷售原則」之規定。意即專利所有人或被授權人在出售了含有該特定專利之產品後，專利所有人就不能再對於後續用戶或購買者主張其權利。這也代表專利所有人在供應鏈中僅能自其中一層面收取權利金。[321]故約定只授權予終端設備商也可以避免授權金堆疊問題。[322]

而專利的授權也通常會出現在供應鏈下游的最終端產品，故零組件的價格和利潤其實無法完全反映標準必要專利之價值，更無法以其為基礎計算 FRAND 授權金。[323]當授權金之計算基礎無法彰顯專利價值及終端使用者之使用，將對標準必要專利所有者保障不足；當補償不足，將會影響市場參與者參與和投資標準制定之意願，進而減少創新技術並影響整體社會福祉。[324]

目前，已有公司公布其各自訂定的 5G 標準必要專利的授權費標準做為參考，例如：高通、易利信及諾基亞。[325]但值得注意的是，因為在談判之過程中仍可協調其他之優惠，故這些「自行公告價格」與雙方談判後之最終實際價格往往具有落

---

321 Anne Layne-Farrar & Richard J. Stark, *supra* note 235, at 1313.

322 Eric Stasik & David L. Cohen, *Royalty rates and licensing strategies for essential patents on 5G telecommunication standards: What to expect*, les Nouvelles, 55, 176, 179（2020）.

323 Anne Layne-Farrar & Richard J. Stark, *supra* note 235, at 1324.

324 *Id.* at 1324-1325.

325 Eric Stasik & David L. Cohen, *supra* note 322, at 176.

差。[326]這樣的不確定性往往影響產品之製造成本與售價，亦是供應鏈中隱藏之風險。

（三）全球權利金計算與禁訴令

關於全球權利金之費率計算、禁訴令（Anti-suit Injunction）、反禁訴令（Anti-anti-suit Injunction）與反反禁訴令（Anti-anti-anti-suit Injunction）之討論，近期亦十分熱絡，亦涉及國家政權間之角力，而支持與反對之聲浪皆存在。本書以下將針對全球權利金之費率與禁訴令之關係，說明其所涉及之議題。

1.何為禁訴令？

禁訴令，最早出現於 15 世紀的英格蘭，後來被擴大應用在英國殖民地，主要目的在於防止平行訴訟，再進而擴展至外國，從而形成國際訴訟的特徵之一。[327]在現今社會，禁訴令係由法院或仲裁庭所發布之一項法庭禁令，禁止訴訟當事人在外國法院提起或繼續平行訴訟之禁令。[328]其設立之初衷，是

---

326 *Id.* at 177-181.

327 Ken Korea, Anti-suit injunctions – a new global trade war with China?, Managing IP（2022）, available at: https://www.managingip.com/article/2afz8grsj5i3uyxp19ji8/anti-suit-injunctions-a-new-global-trade-war-with-china, last visited 4/30/2023.

328 Ken Korea, *supra* note 327. & May，〈歐盟向 WTO 狀告中國法院禁訴令、專利授權費管轄權〉，科技產資訊室，2022 年 3 月 4 日，https://iknow.stpi.narl.org.tw/post/Read.aspx?PostID=18864（最後瀏覽日：2023 年 4 月 30 日）。

為了減少濫訴，透過阻止訴訟當事人前往其他司法管轄區或法院開啟或續行訴訟，避免國內外法院可能會對於同一事件產生管轄衝突或裁判矛盾之情形。[329]因此，英美法系之法院經常使用禁訴令來防止前述情形，且若違反此項禁令，法院可以認定訴訟當事人藐視法庭，進而進行相應之處罰。[330]

讓我們回顧前述專利權與 FRAND 原則之背景。「專利權」的出現是為了鼓勵發明人進行研發，運用他們的知識來促進創新和經濟增長，故給予「排除他人未經同意而實施該專利技術」之權利。然而，專利權的賦予係依據各國法律所賦予與執行的，換言之，專利權是有地域限制的一項權利。但在行動通訊產業領域中，絕大多數的標準必要專利在慣例上都是以「全球」為範圍進行合理的授權，故授權之費率往往不僅僅牽涉單一國家。[331]而 FRAND 原則亦是全球性之承諾，適用於所有國家之專利。[332]因此，在標準必要專利之領域，一國之法院會試圖率先裁判標準必要專利之全球授權費率，並配合禁訴令之適用，進而突破前述專利權保護之屬地院則，而使得該法院管轄權得以擴張。[333]

---

[329] May，同前註。經濟部智慧財產局，禁訴令制度對標準必要專利訴訟之衝擊及其因應作為，2022 年。

[330] Ken Korea, *supra* note 327. May，同註 328。

[331] 經濟部智慧財產局，同註 329。

[332] Ken Korea, *supra* note 327.

[333] Ken Korea, *supra* note 327. 經濟部智慧財產局，同註 329。其實禁訴令之正當性一直受到嚴重質疑，因其雖是針對訴訟當事人之禁令，然其實質上會

然而，標準必要專利訴訟當事人往往會選擇對本身最有利之法院起訴（即 Forum Shopping），同時一併提起禁訴令之申請，以獲取最有利自身的訴訟結果。[334]如此一來，不僅加劇各國法院盡相藉由禁訴令與反禁訴令之核發，擴張司法管轄權而產生衝突，也使得各國間之國家角力[335]延伸至標準必要專利之戰場。

2.全球專利金計算與禁訴令存在何種風險？

如前所述，英美法系之法院經常使用禁訴令來防止平行訴訟、裁判矛盾之情形，惟大陸法系之國家，對於禁訴令並未有明文之法律規定。然而，自中國最高人民法院裁決中國法院可以核發禁訴令，以禁止專利持有人前往非中國法院強制執行其權利後，中國法院對外國專利持有人已發出至少五件禁訴令[336]，阻止外國公司在全球任何地方提起法律訴訟，禁止全球範圍內之法律行動，同時宣稱中國法院在全球範圍內對於專利授權費具有管轄權。[337]。因此，歐美國家之法律人士認為中

干擾外國法院審理平行訴訟之權力，而產生管轄權衝突。

334 經濟部智慧財產局，同註 329。

335 有認為，既然標準必要專利是以全球為範圍進行授權，又 FRAND 原則亦是全球性之承諾，則由單一法院為標準必要專利與 FRAND 紛爭提供全球性的解決方案可能較為合適。然應由何國之哪種類型之法院進行，更是涉及國家間權力之角力與地緣政治之重大影響。

336 五件禁訴令包含小米 v. 美國 InterDigital 案、廣東步步高 Oppo v. 夏普案、華為 v. 美國 Conversant Wireless Licensing 案、三星電子 v. 愛立信案與中興 ZTE v. 美國 Conversant 案。

337 May，同註 328。

國正活躍地使用「禁訴令」與「授權費率管轄權」，利用法院作為工具，企圖以法院判決影響全球市場。中國試圖以此使外國公司之專利無效，而迫使專利持有人簽署不利之協議，將對於跨國公司影響甚鉅，亦對於供應鏈之韌性帶來極大的風險。

禁訴令在美國，原先為一種特殊之救濟措施，USPTO 在 2019 年所發布之政策聲明中明確規定專利持有人皆可以獲得針對任何被授權人實施禁令的救濟措施。[338]惟於 2021 年時，美國簡單的撤銷該政策，撤銷後造成美國在標準必要專利與 FRAND 原則之爭議中欠缺適當之救濟措施。[339]此情形實則創造 5G 專利訴訟中許多不確定性，對於 5G 供應鏈造成極大之風險。

而在歐盟之中，更可以觀察到大陸法系與英美法系對於禁訴令之不同看法。德國之法院亦曾表示，禁訴令阻礙了專利權人行使其專利權，然此準財產權是極為重要之權利。[340]再加上歐盟認為以禁訴令干擾令一個歐盟成員國的法院程序是非法的。因此歐盟近年來認為各國法院皆不應發布禁訴令，甚至已

---

338 Linda Chang and Eleanor Tyler, Analysis: Global 5G patent fights search for an area in 2023, Bloomberg Law Analysis（2022）, available at: https://news.bloomberglaw.com/bloomberg-law-analysis/analysis-global-5g-patent-fights-search-for-an-arena-in-2023, last visited 4/30/2023.

339 *Id.*

340 Haris Tsilikas, *Anti-suit injunctions for standard-essential patents: the emerging gap in international patent enforcement*, Journal of Intellectual Property Law & Practice, Volume 16, Issue 7, 729–737（2021）.

開始發布反禁訴令進行抵制，以試圖創造公平的競爭環境。[341]歐盟甚至於 2022 年 2 月在世界貿易組織提起訴訟，因其認為中國最高人民法院判決確認其下級法院可以根據民法發布禁訴令係等同違反與貿易有關之智慧財產權協定。[342]值得注意的是，若屆時世界貿易組織做出對於歐盟有利之見解，將等同於認為任何國家之法院所核發之禁訴令都是違反與貿易有關之智慧財產權協定。然若無禁訴令，將可能無法避免平行訴訟之出現。則一件有關 FRAND 原則之標準必要專利訴訟很有可能最終會出現不只一種之全球授權費率，此結果勢必非大家所樂見，亦將劇烈影響供應鏈韌性。

我國身為大陸法系之一員，並未針對禁訴令有明文之法律規定，故我國應思考如何因應外國法院核發禁制令之挑戰與可能帶來之衝擊，並盡早規畫適合我國之因應方法。面臨各國法院都可能核發禁制令之風險，我國廠商於進行標準必要專利授權協議時，不妨事先明訂「訴訟管轄」或「不得提出禁訴令」等相關條款[343]，以杜絕於糾紛發生時須隨時面臨禁制令突襲之不確定性。

---

[341] Linda Chang and Eleanor Tyler, *supra* note 338. & Guiseppe Colangelo and Valerio Torti, *Anti-suit injunctions and Geopolitical in Transnational SEPs Litigation*, Forthcoming in European Journal of Legal Studies, at 10（2022）.

[342] Ken Korea, *supra* note 327. & Guiseppe Colangelo and Valerio Torti, *supra* note 341, at 3.

[343] 經濟部智慧財產局，同註 329。

3.國家角力之展現

禁訴令此一正當之訴訟手段似乎已被國家濫用而成為以國家角力為目的之手段。有分析指出，美國通常不會遵守在其他地區所訂之禁訴令[344]，其隱藏性之理由為美國之國家主權與國家安全，此源於地緣政治之緊張局勢、國家角力與智慧財產政策之差異。[345]更有認為禁訴令之戰場是一個全新的全球對中貿易戰[346]，在戰場中更衍生出反訴禁令與反反禁訴令，希望藉此保持或恢復先前禁訴令之法律效果。[347]而這類型之訴訟策略已成為各國保護及鞏固其在國際政治經濟中之技術、經濟和政治優勢之工具。[348]各國都競相成為全球秩序主導者，搶先掌握全球授權費率之制定權，以國家安全為名進行地緣政治競爭並於標準必要專利領域展現國家角力。且各國在執法上之差距亦造成國際間之不少摩擦，從而不斷變化之全球性智慧財產政策對於供應鏈是極大之風險。

與 5G 相關之標準必要專利於 2020 年的全球授權金收入估計達 200 億美金，而未來之 5G 相關之標準必要專利數量只會

---

[344] 美國之參議院司法委員會甚至提出一項具體法案「捍衛美國法院法」，旨在懲罰尋求外國所核發之禁訴令以限制在美國法院或國際貿易委員會提起專利侵權訴訟之各方當事人。

[345] Linda Chang and Eleanor Tyler, *supra* note 338.

[346] Ken Korea, *supra* note 327.

[347] Guiseppe Colangelo and Valerio Torti, *supra* note 341, at 21.

[348] Guiseppe Colangelo and Valerio Torti, *supra* note 341, at 4.

逐漸上升，故授權金之收入也會相應成長。[349]專家與學者認為在公司以私益為目標之情形下，產業是否會繼續或持續採用FRAND原則有疑慮，但可以確信的是：由於5G之跨境、跨部門、跨設備之特性，5G 相關之標準必要專利和授權金訴訟將會愈來愈多，而 FRAND 原則之詮釋將會更加重要。[350]而訴訟增多也將不利於供應鏈之韌性。

5G 技術與數位經濟在未來將會更加蓬勃發展，不同的領域、技術、產品與服務間之關係將愈漸交織，利益間的平衡問題便會更加棘手，也因此更需要標準制定組織之運作以確保各方利益。[351]上述之標準制定不僅是法律問題，也是技術問題，更是政治問題。

四、存在於 5G 競賽之迷思？

（一）誰是 5G 競賽領導者？

5G 的競賽存在於國家間、經濟體間以及公司間。無論是技術標準的制定、基礎設施的布建、應用程式的開發到新興商

---

349 Tim Pohlmann & Magnus Buggenhagen, *supra* note 114, at 1.

350 沈宗倫，同註 233，第 61 頁。莊弘鈺等，同註 162，第 56 頁。Tim Pohlmann & Magnus Buggenhagen, *supra* note 114, at 1. 除了上述議題，FRAND 原則還可能涉及公平交易、獨占等情形，而各國法院對於產業標準是否受到著作權法之保護亦具分歧見解，但此些爭議尚非本書欲討論之核心。

351 *Id.* at 558.

業模式的創建，都存有競爭的影子。[352]故 5G 的競賽是一個高度全球化、急速發展且極度複雜的競賽。[353]

目前在 5G 領域中，其實仍存有許多迷思。多數認為，當單一國家或公司擁有之專利數量極多將可以引領技術創新並掌握 5G 技術標準制定，進而在 5G 市場中獲有領導之地位。[354]然而，依據 IPlytics[355]所進行的一項實證分析研究，即一個分類專利的計畫，透過電腦亂數抽出 2000 個自我宣稱的專利家族進行分析，並判斷其「必要性」。其中，必要性之程度分布自 6% 至 30%。換言之，並非所有的自我宣稱專利皆具必要性，因而並非所有的自我宣稱專利皆可能成為標準必要專利。而 IPlytics 亦認為公司自稱其擁有必要專利是一回事，而那些專利確實具有必要性才是關鍵。並同意須將「必要性」納入專利數量之排名考量，才能更準確的推測在 5G 領域中，誰才握有較多之標準必要專利。

雖然專利所有者在專利壽命期間內，掌握了專利科技如何被運用以及有權決定是否行使權利，故公司或個人在提交專利

---

352 Jan-Peter Kleinhans, *supra* note 48, at 3.

353 *Id.* at 3.

354 David J. Kappos, *supra* note 208, at 193.

355 IPlytics 為德國之公司，其推出之專利資訊與 SEP 檢索分析平台其特色為收錄 96 個標準制定組織的 30 萬篇標準必要專利資訊與其授權條件，並收錄了超過 700 個工作組與委員會（work group /committee）所產出 400 萬餘篇技術貢獻文稿（standard & contribution document）。

申請案時通常是希望專利在未來是有用或有價值的。[356]但專利的價值往往並非於提交專利申請案時便能確定，而須依據未來運用情形而定，包括未來的授權、技術轉移、影響標準制定、其他技術應用或阻止他人侵權，因此，並非所有專利都具有同等價值。[357]

再加上，中國一向喜歡宣稱自己之專利是重要且具影響力的。但有新聞與文獻指出，中國提交大量的專利申請[358]是為了作為使他人之專利權利無效之基礎，以排除他人之使用，而非確實希望獲得該權利。[359]中國為了衝高專利之數量，甚至不區分專利質量而大量申請專利[360]，更有數據顯示中國所有之專利權中有高達 48.75% 為無效之專利[361]。意即低價值之專利亦會被用以宣稱為標準必要專利。由此可見，由於每樣專利之質量不同，也並非都同等重要，故數量似乎無法代表一切。

此外，通報專利數量之時間差距亦需考量，故似乎難以單純依據專利數目認定何製造商擁有最多的標準必要專利，這也是為何無法斷言在 5G 之領域中誰是目前的領導者。依據判斷時點之不同，擁有標準必要專利之公司排名即會不同，有時排

356 Jeanne Suchodolski, *supra* note 125, at 24.

357 *Id.* at 24.

358 *Id.* at 25.

359 *Id.* at 10.

360 Alexandra Bruer & Doug Brake, *supra* note 170, at 8.

361 James M. Cooper, *supra* note 125, at 10.

名第一名之公司為華為，有時候則是高通[362]。

對此，美國專利商標局（USPTO）亦透過分析與多重檢視專利活動（Patent Activity），認為目前 5G 領域中之六間公司，即愛立信、華為、高通、LG、諾基亞、三星，都仍十分活躍於專利活動，沒有一家公司「贏得」5G 技術的全球競賽，表示其等不斷在競爭當中，似乎無法定論何者為 5G 領域之領導者，只能推論六間公司具高度競爭之關係。[363]

無論何間公司為目前 5G 供應鏈中之領導者，從組成情形可知 5G 供應鏈之組成複雜性極高，而任何一間公司被徹底排除於供應鏈之外，都將可能造成供應鏈中缺少一環，就可能導致商品無法循環，更無法成為最終產品，故如何提高 5G 供應鏈之韌性以抵禦外界風險之干擾及如何降低供應鏈風險並創造具韌性的供應鏈是許多國家與企業需要面臨的問題。

由上述分析可知，若單用自我宣稱的專利數量或技術貢獻的數量來決定誰是 5G 領導者，其實是無意義也不精確的。但目前確實沒有完美的比較方式，坊間雖建議以專利數量或技術貢獻數量作為衡量專利組合質量和對於標準的貢獻價值的指標。但這些指標由上述可知是毫無意義的，而對其過度依賴將導致錯誤的結論。[364] 而這樣的迷思與錯誤必須被正視。應該

---

[362] Jonathan M. Barnett, *supra* note 108, at 11. 參表格 Table 2.

[363] USPTO, *supra* note 106, 1. Jan-Peter Kleinhans, *supra* note 48, at 4.

[364] David J. Kappos, *supra* note 208, at 194-196.

要用可信賴之方法來判定何為5G競賽領導者。

較為可信之方法可以透過專家進行專利質量評估，[365]也可以由以下指標輔助判斷分析：**地理分布**，專利在越多國家申請，代表其越有潛力。**後案引用次數**，當一個專利被第三人引用的次數越多越頻繁，代表其越有價值。**專利年齡**，由於專利之維護需繳交費用，而該費用將與專利之年齡成正比，當一個專利維持越久，代表該專利所有者越願意給付費用維護並使之效力持續，故該專利越有價值。**受到挑戰之經歷**，當一個專利的有效性常常被挑戰，說明其重要性，而受到挑戰後仍存活之專利，往往具有極高價值。[366]若綜合上述要素進行判斷與評估，雖然可能較耗時但一定會比單就專利數量或技術貢獻來的準確。

產業在過去3G、4G的標準制定過程中，各公司提出的所有貢獻中，最終其實只有 30% 被納入標準。[367]在 5G 時代，此比例相較之下顯得更低。[368]10 個主要貢獻者[369]的採納比例約 29% 至 41%。[370]由此可見，並非總數最多，便都會採用為標準，仍需視個別專利而定。

---

[365] David J. Kappos, *supra* note 208, at 198.

[366] David J. Kappos, *supra* note 208, at 197.

[367] Jonathan M. Barnett, *supra* note 108, at 17.

[368] *Id.* at 17-18.

[369] *Id.* at 18. 參表格 Table 2. 包含高通、華為、LG、愛立信、三星、諾基亞、中興、英特爾、Alcatel-Lucent、NTT DOCOMO。

[370] *Id.* at 18.

綜合上述，依據前述之分析可知，專利數量多不代表可以操控握緊標準制定，而應是專利之價值而定。擁有許多高價值之專利未必能被編入產業標準，就算緊握標準制定大權也並非必定可以主導全球 5G 市場。更何況以目前之數據資料顯示，都未有任何一間公司獨占鰲頭，因此 5G 競賽其實就是迷思，更無須有其他相關之擔憂。

（二）中國有竊取智慧財產權？

除了 5G 競賽之外，亦有認為引領技術創新的國家或公司將可以決定 5G 的最終運用能力、侷限性與潛在用途，並可對 5G 設備進行監控，管理未經授權的接近、使用，進而獲取他國之機密資訊。[371]其中，最常被針對之公司為華為。華為身為全球最大的資訊通訊設備供應商，其擁有超過 11,000 項美國專利，而其中有許多專利對於 5G 之發展至關重要。[372]因此多數研究與分析認為華為是目前 5G 競賽中之領導者，亦為美國川普政府發動貿易戰之隱藏性原因。但前述之研究與分析皆係依據「自我宣稱專利（Self-declared Patent）」進行判斷。然而，由於標準制定組織並不會要求自我宣稱之公司提出任何證據顯示該專利為「必要（Essential）」，亦不要求提供關於其聲明之任何分析佐證，更不會進行「必要性

---

[371] David J. Kappos, *supra* note 208, at 193.

[372] Jonathan Stroud & Levi Lall, Paper of record, *Modernizing ownership disclosures for U.S. patent*, West Virginia Law Review, 124, 449, 451（2022）.

（Essentiality）」審查。鑒於此部分數據之透明性不高，故難以確認其真實性，因此，並不能完全信賴全部或單一以「自我宣稱專利」為基礎分析之文獻。

近十年來，中國在科技領域發展迅速，在全球智慧財產申請總量之國家排名中，更名列第一。[373]自 2019 年起，中國便取代美國成為 WIPO 國際專利申請最大來源國，且截至目前仍是最大來源國。[374]因此，美國專利商標局於 2018 年便先行提出「2018 至 2022 智慧財產戰略計畫草案」，其包括三大目標：加強專利品質和即時性、加強商標品質和即時性、領導國內和全球之智慧財產趨勢，以協助改善全球智慧財產法之執法和保護政策。由此可見，美國希望利用自己國內之智慧財產制度和法規影響他國並進而成為全球趨勢。除了使各國之智慧財產政策與其接軌，也希望藉此確立並穩固美國在智慧財產世界及全球經濟之領導地位。

美國對於 5G 設備安全性之擔憂起源於中美貿易戰的核心之一——智慧財產權。中國進行智慧財產權偷竊之事件時有所聞。美國長年來指控中國將網路攻擊、企業間諜與強制技術轉移都納入其竊取美國智慧財產的教戰手冊。[375]從數據觀之，

373　WIPO, World Intellectual Property Indicators 2021（2021）. Available at: https://www.wipo.int/edocs/pubdocs/en/wipo_pub_941_2021.pdf, last visited 1/11/2023.

374　*Id.*

375　James M. Cooper, *supra* note 125, at 2.

2012 年以來，美國司法部（Department of Justice，簡寫 DOJ）國家安全部門提起的經濟間諜案件有 80% 以上與中國相關。[376]而過去七年來，超過 90% 之經濟間諜案件即超過三分之二之營業秘密竊取案件皆與中國有關。[377]於 2019 年美國司法部直接起訴華為，起訴書中指控華為不斷的竊取美國之智慧財產，包含商業機密、營業秘密、專利技術等等，試圖透過招募受害公司之員工，以取得前公司之智慧財產；或教唆研究人員及教授竊取智慧財產與相關技術。美國司法部更列舉華為內部政策為據，例如：華為透過「獎勵計畫」，鼓勵自家員工自其他公司取得智慧財產，並根據所獲資訊之價值，支付獎金獎勵員工。華為也曾因為涉嫌竊取美國電信公司 T-Mobile 的商業機密而被美國司法部在華盛頓州西區法院起訴。[378]

紐約布魯克林聯邦法院更在 2020 年提出追加暨更新起訴

---

[376] CNBC（09/22/2019）, “Chinese theft of trade secrets on the rise, the US Justice Department warns”, available at: https://www.cnbc.com/2019/09/23/chinese-theft-of-trade-secrets-is-on-the-rise-us-doj-warns.html, last visited 1/11/2023.

[377] David W. Opderbeck, *Huawei, internet governance, and IEEPA reform*, Ohio Northern University Law Review, 47, 165, 188（2021）. Jan-Peter Kleinhans, *supra* note 48, at 9.

[378] David W. Opderbeck, *supra* note 377, at 188. Department of Justice, Chinese Telecommunications Conglomerate Huawei and Subsidiaries Charged in Racketeering Conspiracy and Conspiracy to Steal Trade Secrets（2020）. available at: https://www.justice.gov/opa/pr/chinese-telecommunications-conglomerate-huawei-and-subsidiaries-charged-racketeering, last visited 1/11/2023.

書（Superseding Indictment），不僅包含前起訴書之 16 項罪名，還加上串謀竊取商業機密的指控。指控其長期使用欺詐和欺騙手段盜用美國同行的尖端技術等商業機密。其中被盜取之智慧財產權包括商業秘密資訊和著作權等，例如網路路由器、天線技術和機器人測試技術的代源碼和用戶手冊。[379]

2022 年，美國司法部又指控 10 名中國間諜和政府官員實施惡意計劃，藉由欺騙與竊取以獲取技術競爭優勢。新的指控表明，雖然華為長期以來一直堅稱其獨立於中國政府運營，但中國政府不遺餘力地試圖干預以擊敗美國對華為之訴訟，便突顯華為對中國之重要性。[380]

雖有認為中國近年是由於其國內市場需求的轉變與電商之興起而提升智慧財產之品質。[381]然中國產業之間仍流傳一句俗諺：「研發不如偷資料，偷資料不如挖人才」。非法取得技術似乎仍然是中國間諜活動之核心，且從原先多由私人所為，到現今多是政府所主導，[382]故當中國竊取智慧財產之活動行之有年，似乎無法百分之百的確信其不會發生。

---

[379] *Id.*

[380] The Washington Post（10/24/2022）, “DOJ accuses 10 Chinese spies and government officials of ‘malign schemes’”, available at: https://www.washingtonpost.com/national-security/2022/10/24/justice-china-telecom-giant-spy-investigation/, last visited 1/11/2023.

[381] James M. Cooper, *supra* note 125, at 7.

[382] James Andrew Lewis, *supra* note 187.

（三）中美貿易戰對於中國之指控是真？

從上述之分析可知，關於 5G 產業標準制定，由於美國認為中國在標準制定過程中掌握極大之權利，會讓中國供應商所擁有之專利皆納入產業標準中以獲取巨大經濟利益。但從標準制定組織制定標準的過程、組織的情形都可以看出，這不會是 5G 供應鏈中的風險。

而目前在認定標準必要專利通常是採取「自我宣稱」的方式。然而這個方式的缺點會造成標準必要專利的質量不一，故擁有較多的自我宣稱專利不等同於有較多的標準必要專利。進行專利判斷時，應計算其真正的實際貢獻，才能夠透過激勵來刺激有風險或容易失敗的創新以回歸專利權的本質。[383]因此，中國公司華為，可能並非 5G 領域的單一主導者。故中美貿易戰中對於中國之指控應非完全真實。所以有認為目前華為擁有最多標準必要專利，因而會對供應鏈造成風險的說法不攻自破。

FRAND 原則的目的是為了同時兼顧專利權人之權利與公共利益。但當 FRAND 原則的意涵看法不一，而不同的看法會造成實踐 FRAND 原則的方式不同，而這種不確定性將造成企業在供應鏈中面臨風險。而關於 5G 專利授權金計算方法相當多元，但是否確能達成公平、合理、無歧視之情形有疑慮，若無法達成 FRAND 原則立意之初所欲達成之目標，那這種不

---

[383] David J. Kappos, *supra* note 208, at 193-194

特定與多元性便造成供應鏈中需求面或供應面風險，進而降低供應鏈韌性。此外，當 5G 相關之訴訟愈來愈多時，也將不利於整體供應鏈之韌性。

關於 5G 競賽，多數認為，當單一國家或公司擁有之專利數量極多將可以引領技術創新並掌握 5G 技術標準制定。但從標準必要專利的申報時間不同、質量不同等可以知道目前無法判定何為 5G 競賽領導者。故此迷思並非真實之風險。

綜上所述，在智慧財產方面，確實會產生供應面和需求面風險，但中國不會是問題與威脅的來源。然現存大部分文章多是由西方的角度看中國，也因此有妖魔化中國之傾向，但實情為何，只有中國自己知道。故仍應保有理性判斷之態度，而不能完全信賴單一來源之資訊。

過去，美國為全球最大的經濟體，然中國的崛起，撼動了美國的地位，因而出現中美對抗之場面；全球供應鏈中各經濟體的成長，也威脅了美國的優勢，進而使其開展一系列以美國經濟與國家安全為核心之政策。從而，美國川普政府指控華為佔據 5G 供應鏈之情形可能只是表面因素，其隱藏性因素僅係為了打擊中國之經濟，不滿中國透過竊取美國的智慧財產權以壯大自己的 5G 能力。

五、智慧財產風險對於 5G 供應鏈韌性之影響

透過以上對於專利、標準制定、授權金計算之介紹，讓我

們知道這些制度的運作過程，藉此了解風險何在，以及他國所擔憂之事。而回顧中美貿易戰所帶出之智慧財產風險，華為等中國公司成為美國政府制裁之箭靶。美國司法部指控華為等中國公司竊取美國之智慧財產權及商業機密，又因為「The Clean Network」政策將華為與其他中國公司列於「實體清單」上，並全面禁止該等公司之產品，將其排除於供應鏈之外。

就美國之角度而言，似乎希望藉此打擊華為在 5G 技術上之地位和市場上之佔有率，進而穩固美國自身在 5G 領域及國際上之領先地位。然此將供應商排除於供應鏈之外之作法，使供應鏈中缺少一個供應商，也相對應的減少供應商選擇之多元性，不僅降低了供應鏈之韌性也對於全球供應鏈整體都造成不利之影響。且若美國企業亦須遵守禁令，表示美國企業亦須全面禁止與華為之生意往來，則其等必須找尋替代之供應商，將可能影響美國企業之營收與獲利。當國內企業無法獲得適當的營收，將進而影響企業之投資，造成研發能力之下降。當國內研發能力下降，則是必須要他國供應商之協助。如此一來將進入惡性循環。

且若美國極力將華為等中國供應商排除於供應鏈之外可能造成供應鏈二元化、標準二元化之現象，即與 WAPI 之情形相似時，會嚴重影響供應鏈之韌性。因為依據不同標準而製造出之產品將不具互通性，也無替代性，則若某一供應商因突發狀況而無法正常營運時，可能會出現斷鏈情形。

另外，美國之出口管制政策除了防止其本國技術外流，也隱含呼籲全球廠商重新檢視於供應鏈之布局，故也間接地影響了供應鏈之韌性。美國國際貿易委員會（United States International Trade Commission，簡寫 ITC）發布之禁制令（Injunction）雖然可以保護專利權人，但也會干擾供應鏈之韌性，又因為禁制令之效力是阻止有侵害專利權「之虞」之商品進入市場，因此可能弱化供應鏈之韌性，甚至阻礙科技之發展。

另有認為，美國專利商標局未有效的紀錄關於擁有美國專利之所有人身分與專利數量等資訊，對此不確定性將有風險的存在，因為無從得知誰真正的從美國專利市場中獲益，更無從監控威脅以知悉專利系統是否被使用或濫用。[384]如此不僅存在智慧財產風險，更隱含國家安全風險，而這些風險進而造就美國政府之政策以影響全球供應鏈之韌性。故有主張應透過立法規定在專利申請時即應要求完整揭露資訊，不僅可以釐清專利所有權歸屬、促進順暢的專利授權，並降低專利訴訟風險與成本。[385]

其實從上述分析可知，5G 存有競賽其實是個迷思，且不應將之視為競賽，因為每個國家與公司在 5G 供應鏈中其實都扮演著其不可或缺的角色。從國家之角度而言，大家都是互相

---

[384] Jonathan Stroud & Levi Lall, *supra* note 372, at 452.

[385] Jonathan Stroud & Levi Lall, *supra* note 372, at 455-459.

依賴的。例如中國與歐盟國家生產最大宗的 5G 網路設備；美國則擁有 5G 所需晶片之技術[386]；我國則掌握了 5G 所需晶片之代工製造。在各國相互依賴之下，更應該透過全球的合作以打造全球共同的美好願景。然而中美貿易戰的開打，阻礙了商品與服務的流通，讓原本分工合作、環環相扣之供應鏈出現斷鏈危機，大大的降低了 5G 供應鏈之韌性。

從公司角度而言，雖然不同型態之公司對於智慧財產的保護程度需求不一，若為供應鏈中垂直整合之公司，將因為相關智慧財產皆為同企業之實體使用，故不需過度著重專利保護；而聚焦於投資與研發之公司，其對於智慧財產之保護需求便極大，以確保獲利，但總體而言都需要考量智慧財產風險對於公司營運之影響。[387]

故無論何國、何間公司為目前 5G 供應鏈中之領導者，從組成情形可知 5G 供應鏈之組成複雜性極高，而任何一個國家或一間公司被徹底排除於供應鏈之外，都將可能造成供應鏈中缺少一環，就可能導致商品無法循環，更無法成為最終產品，故如何理解並控制與降低供應鏈中之智慧財產風險，以提高 5G 供應鏈之韌性以抵禦外界風險之干擾，是許多國家與企業都需要面臨的問題。

專利的認定與授權其實就是風險管理的一環，以此而生之

---

[386] Kimberly A. Houser & Anjanette H. Raymond, *supra* note 151, at 131 & 138.

[387] Jonathan M. Barnett, *supra* note 108, at 15.

爭議則會影響供應鏈韌性。而所有型態的智慧財產其實都有著排除他人未經同意而使用他人創新的價值，其中，專利權的力度極強，故常常被用來判斷以科技為基礎的控制地位。[388]以上的討論雖聚焦在專利權與營業秘密，但相關概念分析與原則是可以運用到所有型態的智慧財產。

時至今日，這個難解之議題，似乎都未獲得適當的解決。[389]在中美貿易戰升級為科技戰與晶片戰後，此風險更是愈趨棘手，故未來會造成如何的影響，仍有待觀察。但可以確定的是，中美貿易戰所帶出之智慧財產風險影響供應鏈韌性甚鉅。而以下將繼續探討中美貿易戰中以資訊安全為核心之指控及其是否確實為供應鏈之風險。

參、以資安為核心之供應鏈風險

一、5G 設備常見之資訊安全風險

連網之功能如同雙面刃，給予許多方便、創造更多可能，但也帶來前所未見的資訊安全風險。在 3G 與 4G 之時代即存有資訊安全風險，但 5G 廣泛之應用將造成資訊安全之風險更加顯著，因為數據的交換將不僅止於個人之間，亦及於設備之

---

[388] Jeanne Suchodolski, *supra* note 125, at 23.

[389] James M. Cooper, *supra* note 125, at 12.

間。因此，若 5G 網路遭受攻擊與破壞，受衝擊者不僅僅是通訊，而可能造成整體經濟的癱瘓。[390]

資訊安全似乎沒有公認的特定定義，ITU 將其廣泛定義為「可用於保護網路環境、組織和用戶資產的工具、政策、安全概念、安全保障措施、指南、風險管理方法、行動、培訓、最佳實踐、保證和技術的集合。旨在確保實現和維護組織和用戶資產的安全性，以應對網路環境中的相關安全風險，包含可用性、完整性與保密性。」[391]而國家標準暨技術研究院（National Institute of Standards and Technology，簡寫 NIST）則提供更聚焦的定義：「防止對電子資訊及通訊系統與其所含之資訊的破壞、恢復、未經授權的使用和利用，藉以加強其機密性、完整性和可用性。」[392]此即反映出資訊安全之兩大核心為：資訊與系統。

5G 之軟體及硬體設備其實都存有資訊安全風險，而最常見之風險即為「惡意軟體（Malicious Code）」、「後門（Back Door）設計」與「網路攻擊（Cyber Attack）」，以下分述之。

---

390 Jan-Peter Kleinhans, *supra* note 48, at 3.

391 Definition of cybersecurity, ITU. available at: https://www.itu.int/en/ITU-T/studygroups/com17/Pages/cybersecurity.aspx, last visited 1/11/2023.

392 Joshua P. Meltzer, *supra* note 2, at 7.

（一）惡意軟體（Malicious Code）

「惡意軟體（Malicious Code）」，係可以造成電腦受損或破壞電腦所存之數據之不受歡迎之檔案或程式。[393]惡意軟體為一個統稱，其中包含病毒、蠕蟲和木馬。[394]

電腦病毒如同人類病毒一樣，幾乎所有的病毒都附加在可執行的檔案上，以便讓其所到之處都充滿病毒以感染其他裝置。電腦病毒可以破壞電腦系統上之文件，而病毒也有程度輕重之分，有些病毒只會令人感到厭倦，而有些病毒則會損壞硬體、軟體或檔案。但是實際上，只要不開啟或執行該惡意程式，病毒就無法被觸發而感染電腦。所以只要沒有人為操作，病毒本身並無法散播。惟人們往往在不知情的情況下散播電腦病毒，例如打開惡意釣魚電子郵件、訪問惡意網頁、分享受到感染的檔案等。[395]

蠕蟲與病毒不同的是，其為一種無需人為操作便可在電腦之間自我傳播的病毒，其功能是利用電腦的所有資源並透過系統上的檔案或資訊傳遞功能，而自主散播。可怕的是，蠕蟲有

393　Security Tip（ST18-004）Protecting Against Malicious Code, CISA（2019）. available at: https://www.cisa.gov/uscert/ncas/tips/ST18-271, last visited 1/11/2023. & DigiCert，〈病毒、蠕蟲與特洛伊木馬程式的不同〉，https://www.websecurity.digicert.com/zh/tw/security-topics/difference-between-virus-worm-and-trojan-horse，最後瀏覽日：2023 年 1 月 11 日。

394　*Id.*

395　*Id.*

能力在電腦中進行大量複製，進而造成巨大的破壞。[396]

特洛伊木馬程式並非病毒，而是外表看似為正常應用程式，但實則隱藏病毒或潛在破壞性程序的程式。特洛伊木馬程式並不會如蠕蟲般自我複製，但其具強大破壞力，將會在電腦留下一個後門入口，使得惡意使用者或程式可以輕鬆透過存取系統，以盜取個人機密與資訊。這種情形常見於網路上不知名之免費軟體，使用戶以為其所使用者為合法軟體，但該軟體實際上正在破壞用戶之電腦。[397]

當發動者將上述惡意軟體植入設備的硬體或系統中，將能使發動者能夠控制並讀取、修改或刪除資訊，進而擾亂設備的運作或向其他組織發起攻擊。[398]發動者一旦將惡意軟體植入設備中，便可以發動各種公開或隱藏的攻擊。[399]公開的攻擊會像是利用惡意軟體來停止設備的所有功能或進而使其損壞。[400]這樣的攻擊若是對一般手機用戶發動，可能不會造成太大的破壞，但若攻擊的是具極大公益的國家基礎設施時，後果將不堪設想。[401]隱藏性的攻擊則是讓設備擁有一個正常運行的外觀，但在後台悄悄地進行而不會讓用戶發覺。例如可能在用

---

[396] *Id.*

[397] *Id.*

[398] Maureen Wallace, *supra* note 7, at 4.

[399] *Id.*

[400] *Id.*

[401] *Id.*

戶不知情之情況下，將設備的機密數據發送給第三方。[402]然而，隱藏性的攻擊對資訊安全的破壞也不一定為立即發生，亦可能在未來某個時點進行觸發。[403]

（二）後門設計（Back Door）

所謂「後門（Back Door）」之設計，係設備的一個隱藏的遠端入口，成為一個可以繞過正常的設備驗證程序的一個祕密通道。[404]可以被用來取得對設備的完全控制，並在營運者不知悉之情況下運行。這項設計掌握了極大的權力，好處為可用於軟、硬體的定期更新，不僅利於設備維修，也可以定期回報設備狀況以便監測；但此設計亦容易被有心人士利用其方便性進行間諜活動或竊取智慧財產等敏感資訊。其甚至像是一顆定時炸彈，他允許攻擊者可以對後門進行編碼，使其在設備開起後預定的時間後自動觸發。但所謂的後門，有時是被刻意創造的，有時則是在設備開發過程中無意間被創造出來的。前者可以預期其所生成之用意，但後者發生的原因與意圖就難以分辨。[405]

近期，中國公司常常被指控利用建置於通訊設備中的「後

[402] *Id.*

[403] *Id.*

[404] *Id.* at 5.

[405] David W. Opderbeck, *supra* note 377, at 190.

門」監控不同國籍、身處各地的人們。[406]法國《世界報》（*Le Monde*）於 2019 年報導指出使用中國設備之非洲聯盟總部於半夜時，總部內所有電腦伺服器內的資料都被大量的輸出至設備製造商之總部，即上海，且時間長達五年。[407]非洲總部之大樓係由中國出資援助興建，號稱為「中國的禮物」[408]，故其內部相關資訊設備亦皆為中國企業之設備，即華為與中興。雖然非洲聯盟未證實是否為數據竊取，也未否認，但中國政府與華為都堅稱沒有資訊安全疑慮。同年五月，非洲聯盟似乎不受影響，仍與華為簽署了建設 5G 網路和相關基礎設施之新協議。[409]此事件顯示出華為之設備內藏「後門」，使得設備製造商總部可以遠端的獲取設備使用者、使用國家之資料。這可能也是美國下令禁用華為之主要原因。

（三）網路攻擊（Cyber Attack）

雖然近代之網路科技之進步有目共睹，但除了上述兩項風險外，「網路攻擊（Cyber Attack）」之風險更是無所不在，

---

406 Jeanne Suchodolski, *supra* note 125, at 11.

407 James Andrew Lewis, *supra* note 187. & BBC（01/29/2018），非洲聯盟總部驚爆中國網絡竊取資料疑雲，https://www.bbc.com/zhongwen/trad/world-42867642, last visited 1/11/2023. & Financial Times（02/07/2022）, "African Union accuses China of hacking headquarters", available at: https://www.ft.com/content/c26a9214-04f2-11e8-9650-9c0ad2d7c5b5, last visited 1/11/2023.

408 *Id.*

409 David W. Opderbeck, *supra* note 377, at 188.

且全球對於網路攻擊的威脅，在數量及強度上都有明顯之增長。每天都有幾萬件網路攻擊事件[410]，網路攻擊可能隨時來自世界的任何地方且各國都可能是發動者。政府、企業與每位消費者其實都了解網路攻擊所帶來的高度危險。這些風險不僅會威脅到外國，也可能影響國內人民。

網路攻擊被定義為是蓄意的滲透電腦系統或網路，試圖收集、破壞、拒絕、降低或破壞資訊系統資源或資訊本身的任何類型的惡意活動。[411]網路攻擊可能是為了獲取資料，也可能旨在破壞設備主機系統之功能或數據之完整性與機密性。[412]若單純攻擊個人電腦裝置，可能僅造成資料喪失或系統之損壞，但若是入侵了民生、醫療的系統時，將可能導致人民的傷亡或重大損失。

早在 2015 年，中國就曾入侵美國人事管理局（Office of Personnel Management）之系統，獲取近 2,150 萬筆美國公民之個人敏感資訊。[413]因此美國聯邦通信委員會認為，此係中國政府藉以主導全球通訊設備市場和控制全球資訊流通之工具，中國很可能利用華為之相關設備接近美國公民之個人數據，並

---

410 可參考網路統計數據，FireEye Cyber Threat Map, available at: https://www.fireeye.com/cyber-map/threat-map.html, last visited 1/11/2023.

411 Cyber Attack, available at: https://csrc.nist.gov/glossary/term/Cyber_Attack, last visited 1/11/2023.

412 Maureen Wallace, *supra* note 7, at 1.

413 Robert S. Metzger, *Cyber safety in the era of cyber warfare*, SciTech Lawyer, 16 No. 3, 30（2020）.

在面臨危機時降低其服務品質或發動網路攻擊。[414]

2021 年 7 月，美國指控中國培養了一個情報機構，利用僱用駭客在全球範圍內進行未經批准的網路操作，包括為自己謀取私利。[415]美國更明確表示中國的行為已威脅到網路空間之安全性與穩定性，故白宮在盟友[416]之陪同下，一同譴責中國駭客對於微軟伺服器發動之網路攻擊。[417]並期望透過共同努力加強與公共和私人利益相關者的資訊共享，包括網路威脅情報和網路防禦資訊，以加強集體網路韌性和安全合作。[418]

隨著科技的進步與軟硬體設施之升級，網路攻擊的複雜性也快速提升，且幾乎危及每個國家或企業。[419]故任何國家與企業都必須意識到資訊安全之重要性，並需適當地進行投資，以最大限度地減少未來資訊安全事件發生之可能風險，或盡可能地減緩事件發生所帶來之影響。上述這些資訊安全的威脅，

---

[414] David W. Opderbeck, *supra* note 377, at 169.

[415] The White House, "The United States, Joined by Allies and Partners, Attributes Malicious Cyber Activity and Irresponsible State Behavior to the People's Republic of China", available at:
https://www.whitehouse.gov/briefing-room/statements-releases/2021/07/19/the-united-states-joined-by-allies-and-partners-attributes-malicious-cyber-activity-and-irresponsible-state-behavior-to-the-peoples-republic-of-china/, last visited 1/11/2023.

[416] 包含歐盟、澳洲、紐西蘭、日本和加拿大。

[417] The White House, *supra* note 415.

[418] *Id.*

[419] Maureen Wallace, *supra* note 7, at 2.

是無遠弗屆、超越國界之限制的。故此若為有組織的進行，甚或是由國家主導，對於社會或供應鏈都將會造成無法想像之大規模傷害。

二、資訊安全風險存在應如何避免？

（一）技術之限制

從上述之資訊安全風險可知，由於此類風險可能影響產品製造之基礎設施或加工過程之規則、程序、系統之管理而屬於所謂之加工面與控制面風險。由於此類風險都可以被攻擊者加以利用，因此，加強網路安全措施與檢測並防止潛在的網路攻擊至關重要[420]。然而，在產業之間的許多產品風險測試方法中，上述「惡意軟體」與「後門」皆無法由傳統產品風險測試方法證明其存在與否，因而無法百分之百的排除之。[421]「網路攻擊」雖能偵測，但亦無法完全預先排除。且網路世界之攻擊與防守往往是雙向進步的，當二者不斷在進化的過程中，只要仍存有 1% 之可能遭受資訊安全之威脅，便無法武斷的確信上述所有之資訊安全風險都能無時無刻被迅速化解。再者，面對 5G 與物聯網廣泛運用之時代來臨，當可以連結網路之裝置更多元且網路速度更加迅速時，代表可能遭受攻擊之機會也愈漸增多。因此，對於設備製造商之信賴即非常重要。因為不管

420　*Id.* at 5.

421　Jan-Peter Kleinhans, *supra* note 48, at 5.

設備之製造商為誰，屬於何國，任何的設備或網路系統都會存有資訊安全風險[422]，但重要的是該供應商與所屬國不應該濫用該資訊安全風險以危害他國。

資通訊產品中可以區分為三個元素：硬體、軟體與內嵌系統。硬體是物理上的組件，包含主機板、硬碟、晶片等。[423]軟體是硬體操作所必需之嵌入軟體，提供硬體設備運作的指令。[424]內嵌系統則是硬體與軟體都具備之構成部分，舉凡汽車、電視、微波爐、手錶等具數位介面之設備都需要。[425]由於其在設備中十分常見，故很可能被惡意破壞其關鍵功能。[426]由此可見，資通訊產品的構成元素極具全球性，極度仰賴全球化的供應鏈，也因此普遍存在潛在惡意攻擊之威脅。[427]再加上 5G 的應用領域廣泛，任何資訊安全風險都將被放大，故資訊安全更顯重要。[428]

（二）對於製造商之信任

由於資通訊產品及系統都相當複雜，例如在軟體中，目前

---

[422] Kimberly A. Houser & Anjanette H. Raymond, *supra* note 151, at 145. & Jan-Peter Kleinhans, *supra* note 48, at 6.

[423] Maureen Wallace, *supra* note 7, at 3.

[424] *Id.*

[425] *Id.*

[426] *Id.*

[427] *Id.*

[428] Katie Mellinger, *supra* note 102, at 4.

電腦作業系統就有 5,000 億個程式碼；硬體上，一個晶片就有 80 億個電晶體。[429]加上全球化社會的現在，所有產品都是透過全球供應鏈分工完成的，一個晶片從設計到製造，過程中可能涉及數百、數千人的貢獻，故供應鏈上的每個階段，每個供應商皆與資訊安全的維護息息相關，但若技術上無法證明與排除資訊安全風險，則僅能信賴供應商本身。

所謂的信賴，可以來自於對於製造商技術之信賴，是人們、社會與政府相信製造商會修復資訊安全漏洞，也來自於對製造商所屬國家之法律與政治體系之信賴，因為其實各國製造之設備皆有所謂之「後門」存在[430]，才得以進行軟、硬體的定期更新，不僅利於維修，也能定期回報設備狀況。

由於不管設備之製造商為誰，屬於何國，任何的設備或網路系統都會存有資訊安全風險，故在面臨資訊安全風險時，最好的方法確實是「不要相信任何人[431]」。因有研究發現，美國思科（CISCO）之設備也有後門設計與定期編碼出現於思科之軟、硬體。但即便如此，歐洲國家仍然相信思科和美國之法律及政治體系會解決這樣的資訊安全風險，而非利用這些資訊安全漏洞；或當美國政府單位藉機濫用該弱點時，思科將能依該國之法律體系於法庭上對抗政府組織。[432]此外，亦有許多

429 Jan-Peter Kleinhans, *supra* note 48, at 5.

430 *Id.* at 6.

431 Andy Purdy, Vladimir M. Yordanov & Yair Kler, *supra* note 48, at 115.

432 Jan-Peter Kleinhans, *supra* note 48, at 6-7.

釣魚電子郵件、惡意軟體或利用網路漏洞與後門之攻擊事件都是透過受信任的供應商破壞了攻擊目標系統，但也正因如此，供應商所屬之法律及政治體系極具重要性，因其係受損害之人民與國家討回公道之唯一管道。由此可見，人們的信賴程度是具光譜性質的，而國家之因素影響甚大。例如，似乎較不會有人民或國家擔心若使用愛立信或諾基亞的 5G 設備將會構成巨大威脅。

許多西方國家認為中國政府很可能利用中國企業達成國家目標，故中國供應商參與 5G 領域將會構成威脅，並大多以「中國可能會透過華為設備的使用，控制網路系統、竊取機密資訊與數據或進行未經授權的監視而危及國家安全」為理由[433]。此說法之出發點便建立於「對於中國供應商營運所在之中國之法律及政治體系的不信任」，而非「對於中國供應商之不信任」。[434]再加上，5G 之設備製造供應商為數不多，且 5G 之營運又非如以往傳統態樣，僅專注於商品性能與質量，而是牽涉國際政治角力，故對於供應商所屬國家之法律與政治體系之信賴至關重要。[435]

綜上，由於資通訊系統本身存在之缺陷，使得設備之可信度和供應商所屬國家之法律及政治體系具高度關聯，故法律與

---

433 Andy Purdy, Vladimir M. Yordanov & Yair Kler, *supra* note 48, at 116.

434 Olia Kanevskaia, *supra* note 157, at 558.

435 *Id.*

政治環境之情形會是風險評估中之重要一環。[436]基此，本書將繼續探討中國之法律及政治體系是否能讓使用者與使用國家信賴。

（三）中國之法律及政治體系

對於製造商之信任，也延伸至對於製造商所屬之法律及政治體系之信賴。對此，「對中國政府之信任」便是關鍵，而非僅牽涉中國製造商之技術。[437]其實，就像無法證明設備絕無惡意軟體或後門存在一樣，我們也不能完全肯定中國政府必定會利用設備或系統之資訊安全漏洞。然而，我們可以探討中國政府是否能夠很容易的向華為或中興等中國企業提取企業營運與客戶使用之數據。

從法律面觀之，中國近年來產出許多嚴密的隱私與資訊安全規範，但其往往僅適用於私企業，即保護人民權利免於私企業之侵害，然中國政府卻可以不受限制的收集及使用人民之數據，更可以要求企業提供數據。[438]然而，中國政府對於中國私企業亦實施嚴格的監管控制。

中國《公司法》第 19 條規定，「在公司中，根據中國共產黨章程的規定，設立中國共產黨的組織，開展黨的活動。公

---

436 Jan-Peter Kleinhans, *supra* note 48, at 6-7.

437 *Id.* at 10.

438 Kimberly A. Houser & Anjanette H. Raymond, *supra* note 151, at 134.

司應當為黨組織的活動提供必要條件。[439]」何為必要條件便讓人十分好奇。另外，《公司法》第 213 條規定，「利用公司名義從事危害國家安全，社會公共利益的嚴重違法行為，吊銷營業執照。[440]」然而，關於國家安全與社會公共利益之不確定法律概念提供政府很大的運作空間以監管私企業。

中國《國家情報法》第 7 條規定，「任何組織和公民都應當依法支持、協助和配合國家情報工作，保守所知悉的國家情報工作秘密。[441]」《國家情報法》第 12 條亦規定，「國家情報工作機構可以按照國家有關規定，與有關個人和組織建立合作關係，委託開展相關工作。[442]」《國家情報法》第 14 條則規定「國家情報工作機構依法開展情報工作，可以要求有關機關、組織和公民提供必要的支持、協助和配合。[443]」此些規範皆可顯示中國企業必須與國家情報部門合作進行相關工作。

中國《外商投資法》第 6 條規定「在中國境內進行投資活

---

439 中華人民共和國公司法，https://www.6laws.net/6law/law-gb/%E4%B8%AD%E8%8F%AF%E4%BA%BA%E6%B0%91%E5%85%B1%E5%92%8C%E5%9C%8B%E5%85%AC%E5%8F%B8%E6%B3%95.htm，最後瀏覽日：2023 年 1 月 11 日。

440 同前註。

441 中華人民共和國國家情報法，https://www.6laws.net/6law/law-gb/%E4%B8%AD%E8%8F%AF%E4%BA%BA%E6%B0%91%E5%85%B1%E5%92%8C%E5%9C%8B%E5%9C%8B%E5%AE%B6%E6%83%85%E5%A0%B1%E6%B3%95.htm，最後瀏覽日：2023 年 1 月 11 日。

442 同前註。

443 同前註。

動的外國投資者、外商投資企業，應當遵守中國法律法規，不得危害中國國家安全、損害社會公共利益。[444]」中國《國家安全法》，便要求私企業於國家安全事務上與國家合作。[445]更附加義務於企業，要求其需配合政府之要求並可讓政府使用或近用企業系統，如此將對通訊網路及通訊供應鏈施加不少威脅。[446]

除此之外，中國還有多項法律迫使企業揭露技術資訊予中國政府或企業夥伴。[447]中國《網路安全法》[448]，規範包括維護國家網路空間主權、保護關鍵基礎設施和保護個人數據與隱私。[449]其要求與關鍵資訊基礎設施有互動或提供可能影響國家安全之服務之企業必須接受中國政府之安全審查。[450]該審查可能迫使外國企業將原始程式碼等重要之智慧財產提供予中

---

444 中華人民共和國外商投資法，https://www.6laws.net/6law/law-gb/%E4%B8%AD%E8%8F%AF%E4%BA%BA%E6%B0%91%E5%85%B1%E5%92%8C%E5%9C%8B%E5%A4%96%E5%95%86%E6%8A%95%E8%B3%87%E6%B3%95.htm，最後瀏覽日：2023 年 1 月 11 日。

445 Katie Mellinger, *supra* note 102, at 4.

446 David W. Opderbeck, *supra* note 377, at 169.

447 Jeanne Suchodolski, *supra* note 125, at 9.

448 中華人民共和國網路安全法，https://www.6laws.net/6law/law-gb/%E4%B8%AD%E8%8F%AF%E4%BA%BA%E6%B0%91%E5%85%B1%E5%92%8C%E5%9C%8B%E7%B6%B2%E8%B7%AF%E5%AE%89%E5%85%A8%E6%B3%95.htm，最後瀏覽日：2023 年 1 月 11 日。

449 Kimberly A. Houser & Anjanette H. Raymond, *supra* note 151, at 134.

450 Interos Solutions, Inc., *supra* note 30, at 22.

國政府進行檢查。[451]然法規中對關鍵基礎設施的定義模糊，故似乎可以國家安全為由，廣泛用於限制外國企業進入關鍵領域。[452]因此，上述琳瑯滿目之法律規定讓人無法對其信任，甚至覺得使用該國企業之產品很危險。

除了法律，中國之政治與法律高度相關，更可以左右經濟。中國甚至直接宣布其正主導網際網路金融服務公司「螞蟻集團（Ant Group）」重整改革成為金融控股公司／政府之子公司[453]，由此可見中國政府極大之權力與影響力。

中國之經濟是由國家所主導且企業之領導者往往都是中國共產黨的成員之一[454]，民間企業通常會直接或間接地與政府有連結。[455]華為的創辦人，任正非，在創辦華為前，為前中國人民解放軍之工程師，現在為華為總裁兼執行長，也為中國共產黨之黨員。[456]華為雖聲稱其公司 98.6% 的股份是歸其員工所有，與中國政府與軍隊並無直接關係，然其不透明的公司所有權結構實則難以證明華為公司是否為中國政府之一部分，

---

451 *Id.*

452 Joshua P. Meltzer, *supra* note 2, at 16.

453 Reuters（04/12/2021）, “China extends crackdown on Jack Ma’s empire with enforced revamp of Ant Group”, available at: https://www.reuters.com/business/chinas-ant-group-become-financial-holding-company-central-bank-2021-04-12/, last visited 1/11/2023. & Jonathan Stroud & Levi Lall, *supra* note 372, at 453.

454 Jeanne Suchodolski, *supra* note 125, at 9.

455 Jonathan Stroud & Levi Lall, *supra* note 372, at 453.

456 Jonathan Stroud & Levi Lall, *supra* note 372, at 452.

亦難以確切說明其與中國政府間之關聯程度。[457]除華為外，美國 FCC 也發現中興與中國人民解放軍亦有關聯，其係源自於太空部門。[458]故市場參與者與他國實在難以相信大量使用中國供應商之 5G 設備後，企業不會受到所屬國——中國，之法律與政策之操弄。甚至有文獻指出，中國政府提供華為將近 750 億美元之補貼，支持其 5G 發展，使華為拓展其業務範圍至 170 多個國家；中興也一同發展業務至 140 多個國家。[459]

根據前述之各項法律規定，雖然沒有明確指出中國產品之設備藏有「後門」，但從中國的法律規定可以推測出中國政府與企業之間或多或少都有直接或間接的連結。[460]基於中國極高之保護主義，法律更要求受其管轄之企業秘密遵守政府情報部門之指令，皆須配合與協助國家安全機構之任何要求。[461]政府若能對於企業有所掌握，則資訊安全疑慮即會存在。雖然各國設備都會有後門之設計，亦有其設計必要性，以便排除設備故障或定期進行更新，且不論設備之製造商國籍為何皆會存

[457] David W. Opderbeck, *supra* note 377, at 187. Interos Solutions, Inc., *supra* note 30, at 24.

[458] David W. Opderbeck, *supra* note 377, at 189.

[459] Katie Mellinger, *supra* note 102, at 3. & The Wall Street Journal（12/25/2019）, "State Support Helped Fuel Huawei's Global Rise", available at: https://www.wsj.com/articles/state-support-helped-fuel-huaweis-global-rise-11577280736, last visited 1/11/2023.

[460] 許祐寧（2020），〈美國防堵華為策略之法治研析〉，《科技法律透析》，第 32 卷第 8 期，第 48、53 頁。

[461] James Andrew Lewis, *supra* note 187.

在，但似乎各方皆認為，只要資料是掌握於中國手中，便無法感到信任與安心。

綜上所述，設備之可信度和供應商所屬國家之法律及政治體系具高度關聯，然依據中國之法律、政治與經濟體系而言，似乎無法信賴其法律及政治體系能夠解決資訊安全風險所帶來之問題，更無法信賴中國供應商能夠於其國內之法庭上對抗中國政府。換言之，各國並非無法信任中國之「設備製造供應商」，而是無法信任中國「政府」。

（四）中美貿易戰對於中國之指控是否為真

美國與中國之間的網路角力戰其實極早便存在。自 2010 年，美國歐巴馬政府時代便有鼓勵 Sprint 排除華為與中興之設備的使用。[462]2011 年之統計數據亦指出，至少有 760 間美國企業被來自於中國之駭客侵擾過。[463]因此有認為，中國若為 5G 設備製造商，將可能讓中國政府更易於進行網路攻擊、網路間諜活動和竊取智慧財產權。在 4G 時代中，歐洲與非洲國家所使用之華為設備即有資訊安全之疑慮已如前述。若假設中國無論如何都會進行網路間諜活動，則於 5G 時代，無論相關設備製造商為何國，中國都仍會藉由 5G 通訊網路為之。因此，雖無直接證據可以支持前述指控，但眾多間接證據之存在似乎無法排除該指控之可能性。從而各國都認為中國具有高度

---

462 Peter Harrell, *supra* note 105, at 3.

463 *Id.*

的可能利用中國製造之設備促進網路間諜活動和竊取智慧財產權之進行。

雖然華為的創辦人、總裁兼執行長任正非告訴媒體，他的公司永遠不會在其設備上安裝後門，即便中國政府要求其為之，其更不可能將客戶資訊提供給任何第三方。但在中國的法律及政治體系下，華為可能別無選擇而只能接受政府之要求。[464]

美國多年來一直試圖讓世界各地的企業和政府相信，華為的設備可以讓中國進入敏感的資訊通訊網路。[465]然而，值得關注的是其他國家對於華為 5G 設備是否構成威脅之反應分歧且不斷變動。英國在強森首相時期，原先也持允許採用華為設備之態度，並同步實施風險減緩方法，制定了相關政策欲限制華為產品於 5G 網路中的使用比例，僅允許於非核心部分之設備使用[466]；但後因美國施壓，而改變政策方向，進而在 2021 年起禁止購買新的華為 5G 設備，並對華為 5G 設備下達淘汰與更換的禁令，要求於 2027 年底前將所有華為設備從英國 5G

---

[464] CNBC（09/23/2019）, “Chinese theft of trade secrets on the rise, the US Justice Department warns”, available at: https://www.cnbc.com/2019/09/23/chinese-theft-of-trade-secrets-is-on-the-rise-us-doj-warns.html, last visited 1/11/2023.

[465] The New York Times（02/13/2022）, “U.S. Charges Huawei with Racketeering, Adding pressure on China”, available at: https://www.nytimes.com/2020/02/13/technology/huawei-racketeering-wire-fraud.html, last visited 1/11/2023.

[466] David W. Opderbeck, *supra* note 377, at 165.

網路中移除。[467]對此，英國國家網路安全中心認為美國對華為的制裁將影響華為的全球供應鏈，從而影響其履行英國之合約承諾之能力，進而危及英國的資訊安全，並使得英國陷入危機。[468]有認為此並非真正原因[469]，但也確實顯示出美國的制裁著實影響著全球 5G 供應鏈之韌性。

雖有上述政策，但現今的英國仍有華為之存在。華為仍大舉投資每年平均約 8,000 萬英鎊於英國的學術研究，與倫敦帝國理工學院、劍橋大學等 35 所大學建立合作夥伴關係。[470]雖然華為堅稱，其並未藉此自與其合作之大學取得智慧財產權，但當資金係來自華為時，不免令人感到擔憂。[471]

而由於歐盟僅提出框架性的指導方針，將是否禁止或限制華為 5G 設備的決定權交由成員國自行決定[472]，但大多數的歐盟國家都沒有追隨美國的腳步禁止或限制華為 5G 設備。

除此之外，中國往往會透過其他方式報復與華為為敵之國

---

[467] *Id.* at 189. & BBC（07/14/2020）, "Huawei 5G kit must be removed from UK by 2027", available at: https://www.bbc.com/news/technology-53403793, last visited 1/11/2023.

[468] David W. Opderbeck, *supra* note 377, at 190.

[469] *Id.*

[470] BBC（05/17/2021）, "Why is Huawei still in the UK?", available at: https://www.bbc.com/news/technology-57146140, last visited 1/11/2023.

[471] *Id.*

[472] EURACTIV（05/19/2021）, "EU countries keep different approaches to Huawei on 5G rollout", available at: https://www.euractiv.com/section/digital/news/eu-countries-keep-different-approaches-to-huawei-on-5g-rollout/, last visited 1/11/2023.

家。例如，當澳洲以擔心關鍵基礎設施之安全性為由[473]，成為第一個公開禁止華為 5G 設備之使用的國家後，身為澳洲最大的貿易夥伴——中國——便直接禁止澳洲出口貨物外銷至中國，其中包括牛肉、小麥、棉花、煤炭、葡萄酒與龍蝦，因而造成澳洲之鉅大損失。[474]加拿大則因為拘留華為之財務長——孟晚舟[475]，中國即於其境內隨意逮捕在中之加拿大人。[476]因此，包含英國及德國等其他國家皆引以為鑑，深怕草率的禁止華為設備將會受到中國之報復，並使自身限於經濟危機之中。更加複雜者為，許多國家之 5G 部屬將建立在原有的 4G 網路基礎建設之上[477]，而原先之基礎設施即已由華為提供，故這些國家之風險更加龐大。然若為了完全消滅風險，而完全排除使用華為產品，將導致原先預定建立於華為 4G 設備上之 5G

---

[473] J. Benton Heath, *Trade and security among the ruins*, Duke Journal of Comparative & International Law, 30, 223, 229（2020）.

[474] Reuters（12/11/2020）, “Timeline: Tension between China and Australia over commodities trade”, available at: https://www.reuters.com/article/us-australia-trade-china-commodities-tim-idUSKBN28L0D8, last visited 1/11/2023.

[475] David W. Opderbeck, *supra* note 377, at 167 & 187. 華為財務長孟晚舟，因華為之子公司違反美國對伊朗的制裁的禁令，遭控涉嫌電信詐欺、金融詐欺、洗錢及 IEEPA。

[476] BBC（09/25/2021）, “Huawei executive Meng Wanzhou freed by Canada arrives home in China”, available at: https://www.bbc.com/news/world-us-canada-58690974, last visited 1/11/2023.

[477] Kimberly A. Houser & Anjanette H. Raymond, *supra* note 151, at 142.

非華為產品出現互通之問題。[478]故有認為，此舉將造成歐洲之 5G 部屬遲延 2 年。[479]

雖然沒有特定的公開消息來源明確指出任何惡意軟體、後門設計可以直接追溯到中國政府或軍隊，但從歷史以觀，中國進行網路間諜活動已非新鮮事。但關於數據傳輸、數據竊取等指控是事實或是捏造，可能永遠無法得知。

三、資訊安全風險對於 5G 供應鏈韌性之影響

回顧中美貿易戰所帶出之資訊安全風險，華為等中國企業成為美國政府制裁之箭靶。資訊安全對於經濟及貿易都有巨大影響。透過網路攻擊導致的資訊洩漏是核心的關鍵。上述之資訊安全風險早已隱藏於供應鏈中，但當各種硬體及軟體設備之升級，設備系統之組成更加複雜，電子通訊及惡意干預之來源將更加多元，使得資訊安全風險愈漸複雜，更加難以預防。[480]資訊安全雖然是無形之威脅，但在資訊迅速流通之時代，其重要性不容忽視[481]

然而，若是因為資訊安全之風險無法被預先排除，便直接打算將一個國家或一間企業徹底排除於供應鏈之外，將可能造

478 *Id.* at 143.

479 *Id.* at 144.

480 *Id.* at 143.

481 Maureen Wallace, *supra* note 7, at 2.

成供應鏈中缺少一環，就可能導致商品無法循環，更無法成為最終產品。如此之作法將是治標不治本的手段。因此，以客觀角度來看，不應像中美貿易戰中，美國與其盟國直接將華為等中國供應商排除於供應鏈之外。

此時，應該提升遭受攻擊之相關應變能力，除了要能迅速排解突發狀況，也需要替代方案。在供應鏈中的各個供應商應隨時監控供應鏈情形，並保持資訊流通與共享。不僅可以認識不斷變化的風險並相互提醒新型態惡意代碼或其他威脅與資訊安全漏洞之出現，亦可於發生網路攻擊時相互協助以維護供應鏈之韌性。而 5G 供應鏈之組成複雜性極高，設備系統也需要更多參與者共同組裝生產。故應有多元化之軟體系統，以提高遭受網路攻擊後之系統存活率，也可以提高供應鏈之韌性，使得供應鏈不會因而產生斷鏈之風險。此外，美國智庫報告[482]亦不建議美國與中國直接完全脫鉤，將中國排除於美國供應鏈之外，而是建議透過多元化以分散風險。

根據統計，有近 50% 的國家採用了網路安全政策與法規。[483]例如歐盟早已通過網路安全法及相關指令欲對抗資訊通訊設備之資訊安全，亦早已釋出 5G 部署設計、5G 頻寬標準與 5G 產業標準，並有 2 家 5G 設備製造商與 5G 晶片製造商，

482 Meeting the China Challenge: A New American Strategy for Technology Competition, The UC San Diego 21st Century China Center, the Working Group on Science and Technology in U.S.-China Relations（2020）.

483 Joshua P. Meltzer, *supra* note 2, at 1.

故認為上述風險仍於可控範圍內。

然反觀美國在通訊硬體設備領域中，並未有全球設備供應商。2018 年時，數據顯示其境內之資訊通訊設備有近 60% 是進口自中國，而其主要之供應商即為華為。[484]於此情形，在美國缺乏 5G 相關政策之情況下便直接禁止使用來自於中國之產品，不僅可能造成全球供需失衡進而產生供應鏈之波動，更直接影響美國國內之 5G 布建。

綜觀目前的安全標準，對於產業營運技術與供應鏈威脅似乎都沒有足夠的保障。[485]但我們不可能削減對於科技的依賴，也不可能拒絕 5G 的進步，故資訊安全是國家與企業的必修課。若國家或企業在面對網路攻擊等資訊安全事件時無法快速、有效的反應，將影響供應鏈之韌性。且資訊安全此一古老議題所隱含之問題若無法解決，只會隨著科技的進步不斷被放大，而造成更巨大的威脅。

雖然因為資通訊系統本身存在之缺陷，故無論使用何者的設備都會存有相似問題，但這便是使用者之價值取捨。由上述可知，中國之設備有其資訊安全疑慮，但中國設備供應商的最大優勢就是其品質在一定水準之上，然而價格低廉[486]。故國

---

[484] Kimberly A. Houser & Anjanette H. Raymond, *supra* note 151, at 143.

[485] Robert S. Metzger, *supra* note 413, at 34.

[486] Kimberly A. Houser & Anjanette H. Raymond, *supra* note 151, at 136 & 143. 歐洲航空公司在使用過華為、諾基亞和愛立信 5G 設備後表示歐洲公司之產品似乎不如華為，然華為之價格比另二者少 30%。

家在資訊安全、產品價格、貿易報復與國家經濟等利益與犧牲之衡量下的選擇，他國實不應加以干涉。例如華為的設備價格與性能皆具競爭力，故於全球廣泛的被運用，單單華為一間公司便提供 170 個國家其所生產之通訊設備，包含許多中東及非洲國家，目前歐洲國家中亦有許多基礎建設係採用華為之零組件。[487]

世界上的各個國家，包含我國，都在禁止或採用華為等中國供應商設備之兩條路線糾結，或是在美中角力之下，試圖找出一條對自身最適切的中庸之道。但可以確定的是，中美貿易戰所帶出之資訊安全風險影響供應鏈韌性甚鉅。

肆、智慧財產、資訊安全與貿易之匯流

智慧財產在二十一世紀的經濟中扮演著重要的角色，而資訊安全也在科技不斷進步的過程中愈漸複雜，而供應鏈的每個環節都存有智慧財產與資訊安全的影子，整體供應鏈亦與貿易相關，從智慧財產權的掌握，到資訊安全的隱憂，表面上都是以貿易為手段處理上述疑慮。故本書接下來將以智慧財產、資訊安全與貿易之互動關係為討論主軸。

---

[487] Kimberly A. Houser & Anjanette H. Raymond, *supra* note 151, at 143. David W. Opderbeck, *supra* note 377, at 165.

一、智慧財產與資訊安全之關係

智慧財產，包含商業機密、營業秘密、專利權、著作權與商標權。資訊安全，包含惡意軟體、後門、網路攻擊與網路間諜等。而有關智慧財產之風險與資訊安全之風險已如先前所述。

每當有新技術的出現往往伴隨著隱私及安全之問題，而安全的問題在 5G 領域更是討論得沸沸揚揚。仔細觀察便會發現智慧財產與資訊安全二者是有雙向互動關係的。其中，西方國家對於中國企業參與 5G 技術標準化可能帶來的資訊安全問題感到擔憂[488]。該擔憂起源於西方國家認為中國掌握了 5G 產業標準制定權，將可以制定出有利於中國之產業標準，使得中國對於 5G 網路與基礎設施擁有巨大之權力。而對於 5G 網路與基礎設施之權力將讓中國易於入侵政府或企業之系統，藉此攻擊關鍵基礎設施，抑或是利用網路與資訊安全漏洞侵入政府或企業之系統，藉機竊取智慧財產權和營業秘密。[489]

簡言之，對於智慧財產之掌握，將擁有利於辨識出資訊安全漏洞之技術，再進而透過該漏洞擷取更多有利之智慧財產。然而，因為 5G 的應用面十分廣大，將牽涉更廣泛的經濟領域與更多元之參與者，故若真由特定國家掌握 5G 領域，將會帶來相應的巨大供應鏈風險。

---

488 Olia Kanevskaia, *supra* note 157, at 549.

489 J. Benton Heath, *supra* note 473, at 229.

二、智慧財產與貿易之關係

現今之市場中，無形資產（例如：智慧財產、網路平台資訊、大數據等）之價值已遠大於有形資產（例如：土地、廠房、設備等）之價值，加上近年之智慧財產權越來越值得交易[490]，故智慧財產與國家之經濟與貿易息息相關，智慧財產之保護與運用是決定經濟成長之重要因素。[491]文獻指出，中國於 2015 年之智慧財產權收入僅為 10.8 億美元，但美國卻是中國的數倍，高達 1,246 億美元[492]。由此可見，智慧財產權著實深深影響經濟之發展。

由於供應鏈的每個環節皆與貿易有關，而風險起源於智慧財產權的掌握。隨著全球化的發展，以全球的角度觀察產業標準，其在國際間之貿易與經濟都發揮至關重要的作用，其實亦可作為間接的貿易工具。技術標準成為進入市場的先決條件，透過標準而互通之技術決定了產品間之相容性，而相容之產品將穩固網路效應，也增進消費者福祉，進而促進貿易之發展。[493]

再者，因產品上所含之智慧財產會跟隨著產品之貿易到消費者手中，當然也可能到競爭對手之手中。為了防止其本國技術相關之商業機密外流，美國便是利用出口管制之貿易政策圍

---

490 James M. Cooper, *supra* note 125, at 8.

491 *Id.* at 9.

492 *Id.* at 11. 根據中國商務部、國家外匯管理局和國際貨幣基金組織統計。

493 Olia Kanevskaia, *supra* note 157, at 554.

堵。而美國國際貿易委員會發布之禁制令雖然可以保護專利權人，但也會干擾供應鏈之韌性，又因為禁制令之效力是阻止有侵害專利權「之虞」之商品進入市場，因此可能弱化供應鏈之韌性，甚至阻礙科技之發展。

三、資訊安全與貿易之關係

國際的貿易舞台中，資訊安全與貿易的交會在於為了防範網路攻擊或網路間諜活動，進而保障國家所重視之智慧財產權之貿易政策。確保資訊安全之措施方法有國家對於資訊通訊產品施加強制的安全性認證，美國則是禁止其聯邦機構購買中國製造商之通訊設備並接受其服務等。[494]

透過前述智慧財產與資訊安全之關係也可以看出，若欲保護智慧財產，勢必須一併關注資訊安全問題。因此中美兩國對於智慧財產與資訊安全之疑慮全是透過貿易政策為手段進行控制。雖然有必要將智慧財產與資訊安全一同以貿易為手段進行管制與保護，但如此便使智慧財產、資訊安全與貿易交纏，只要其中有任何小錯誤，都可能影響全球經濟與供應鏈。

四、國家經濟與國家安全

如下圖所示，智慧財產、資訊安全與貿易為三角鼎立之關

[494] David W. Opderbeck, *supra* note 377, at 186.

係，而三角關係互動組成國家之經濟，而這些因素都直接或間接地影響著國家安全，本書也發現許多國家皆高舉國家安全旗幟進行各種政策措施[495]——在這些互動關係中，無一不是與國家安全有關。雖許多論述未明說國家安全之重要性，看不到也摸不著，但其卻瀰漫在空氣分子中而無所不在，為所有國家制定與進行政策之最上位概念。

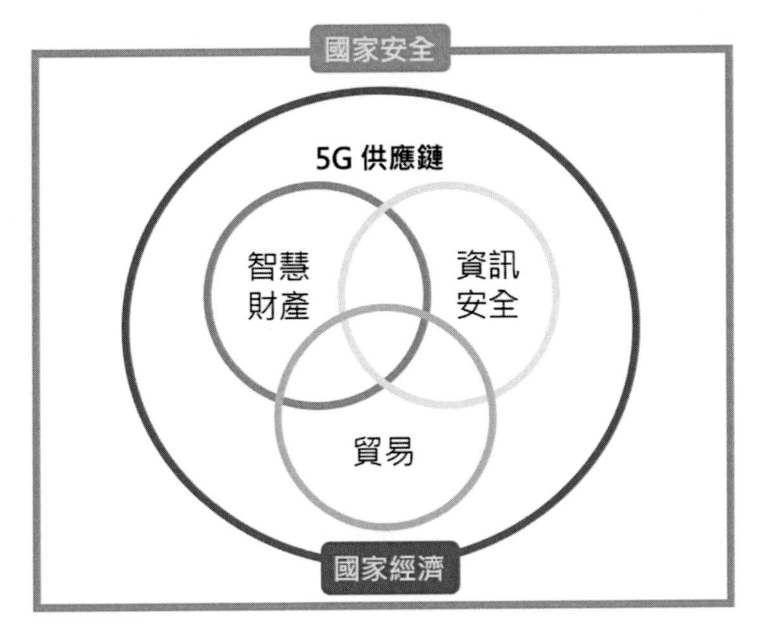

（此圖為本研究所繪製）

495　例如，中美貿易戰之起因為美國對中國之貿易逆差，美國擔憂此貿易逆差造成美國經濟受影響，進而帶來國家經濟穩定性之國家安全問題。而許多國家禁用中國企業之設備主因亦是擔憂資訊安全隱憂將造成國家與人民之機密資訊外洩，帶來國家安全之威脅。

我國有文獻在探討是否掌握標準必要專利就等於危害國家安全。[496]但本書認為，鑑於現今世代資訊快速流動、科技蓬勃發展，智慧財產權之掌握決定了國家之經濟，而資訊安全的維護保障了國家之安全，而貿易就是保護國家經濟與國家安全之手段。而科技的創新影響經濟，經濟影響國家安全，國家安全影響國際政治的領導地位[497]。因此，當智慧財產權已成為重要的國家利益，美國政府擔心之真正危機為「國家經濟」與「國家安全」。如同美國前總統川普所稱「經濟安全就是國家安全」[498]。換言之，美國認為中國在全球經濟中日益增長的影響力和 5G 領域中的發展領先地位將危及到美國的「國家經濟」與「國家安全」。由此可見，如今社會的經濟與政治已然完全交織在一起。5G 科技除了對於人民之通訊至關重要，亦在國家之關鍵基礎設施或國防系統扮演重要角色，然若其中含有資訊安全風險，則將危及國家安全。例如，國家戰鬥機開發數據遭竊[499]。然而，在中美貿易戰間，其實中美兩國都相互威脅各自的經濟安全與國家安全。

從中美貿易戰以來的各種貿易措施與禁令，讓我們深刻體

[496] 王立達（2022），〈從專利制度之結構特性，看中國擁有 5G 行動通訊標準必要專利是否影響國家安全〉，《制度觀點下的專利法與國際智慧財產權》。

[497] Jeanne Suchodolski, *supra* note 125, at 9.

[498] J. Benton Heath, *supra* note 473, at 227. Joshua P. Meltzer, *supra* note 2, at 1.

[499] Joshua P. Meltzer, *supra* note 2, at 8.

會到自由貿易、國家經濟與國家安全之間的關係正在發生巨大的變動。似乎增加了以安全為由而對貿易經濟進行國家干預的可能性。[500]這些干預可能包括補貼、關稅、禁令、配額等可能影響貿易的手段。[501]

過去「政治歸政治、經濟歸經濟」之世界已不復見，科技與政治間之界線也愈漸模糊。[502]如今，經濟影響政治、政治決定經濟已成為主流與常態。中美雙方也相互批評彼此之作為。美方表示，相關中國企業受到政府之利用、控制與影響，將被迫遵守政府對於通訊數據之攔截，而造成美國國家安全之風險。[503]中方則批評美方以國家安全為藉口，濫用國家力量，無理打壓中國企業，不僅違反市場經濟規則，更破壞國際經貿秩序，嚴重損害中國企業之利益。[504]由此可見，現今之「國家安全」重要性似乎已經凌駕於企業的商業利益與布局。而國家以國家安全為名，強迫企業與供應鏈脫鉤，不僅使得企業之經營成本提升，管理之困難度亦大增。這樣之情形，對於

---

[500] J. Benton Heath, *supra* note 473, at 226

[501] *Id.* at 227.

[502] 近期，中國擬向世界貿易組織提起訴訟，因其認為美國、日本與荷蘭之晶片禁令違反國際貿易之規則。而歐盟也有意針對「禁訴令」向世界貿易組織提起訴訟。這些都不單單只是貿易或智慧財產權之議題，而是與國家經濟與國家安全有密不可分之關係。

[503] 《經濟日報》（09/21/2022），中國聯通被列美安全風險清單，北京不滿。https://money.udn.com/money/story/12926/6630379?from=edn_previous_story，最後瀏覽日：2023 年 1 月 11 日。

[504] *Id.*

世界貿易與供應鏈之韌性都極具威脅。

時至今日，國家安全危機往往源自於資訊安全的漏洞，故資訊安全被廣泛認為對於國家安全至關重要，不僅美國政府已經宣布 5G 對於國家安全相當重要[505]，習近平也曾提及若沒有資訊安全，就沒有國家安全。[506]其中，資訊安全之威脅會影響到每一個人。不僅外國實體收集個人敏感資訊之舉，已於美國及中國眼中被視為廣義的國家安全之威脅；由人工智慧生成之深度偽造影片與假資訊也足以造成一國國內之混亂與不信任。[507]雖然現今，軍事威脅似乎已非影響國家安全的主要因素，取而代之的是市場競爭、資源奪取、資本控制、貿易制裁和其他經濟情形交織而成的因素。[508]但當國與國間遭遇軍事衝突時，若其中一國受制於敵對國家之設備或電信網路，因而無法用以進行反擊，也會形成所謂的國家安全問題。

綜觀而言，各國對於資訊安全的態度往往取決於其背後所欲保護之標的。依據目前政經情勢，各國所欲保護的標的可分為下列幾種類型：智慧財產、關鍵技術、國民之個人敏感數據與近用關鍵基礎設施之機會。前二者即與智慧財產與國家經濟相關，而後二者即與國家安全息息相關。

上述的資訊安全風險，可以藉由智慧財產的發展來增進技

---

505 David J. Kappos, *supra* note 208, at 193.

506 Kimberly A. Houser & Anjanette H. Raymond, *supra* note 151, at 135.

507 Joshua P. Meltzer, *supra* note 2, at 9-12.

508 Jeanne Suchodolski, *supra* note 125, at 8.

術的進步以防衛資訊安全風險，進而保障國家安全。但藉由智慧財產的發展，也可以用來破解並找出資訊安全漏洞進行資訊的竊取，進而影響國家安全。換言之，資訊安全漏洞若不及時彌補，則可能加速智慧財產被竊取，進而影響設備製造與技術發展，而回頭影響國家經濟。

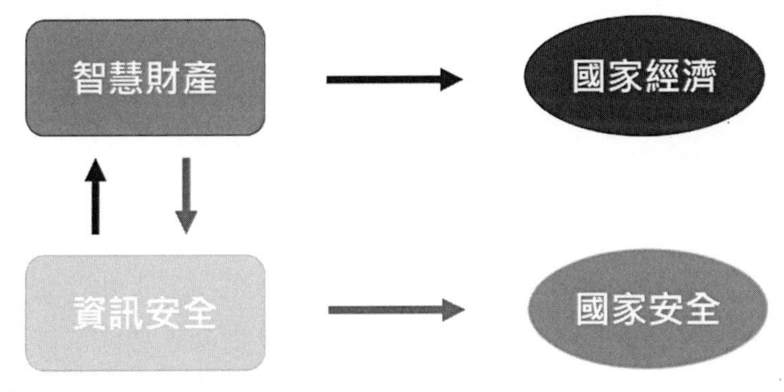

（此圖為本研究所繪製）

基於本章之分析，可以徹底了解中國、美國及全球其他國家目前之情形及各自之立場，本書認為中美二國其實如同古希臘時期之雅典與斯巴達，二者主張不同的意識形態與利益，但兩國都強大到足以稱霸希臘半島。若二國相互攻擊必定會兩敗俱傷，甚至影響到周邊城邦。以雅典為首的提洛同盟與以斯巴達為首的伯羅奔尼撒聯盟之間爆發了持續了將近三十年的伯羅奔尼撒戰爭。這場戰爭最終由斯巴達為首的伯羅奔尼撒聯盟獲得勝利，但整個古希臘世界都付出了巨大的代價。而雅典的公民大會決定對米加臘[509]採取禁貿政策是戰爭的導火線。

將鏡頭拉回今日，貿易也是中美對抗的導火線，中美二國從貿易戰到科技戰，再到近期的晶片戰，都顯示出兩國激烈的交鋒，但也說明二國對彼此其實是相互依賴的。因此本書認為，中美之間與其拉攏盟國以對抗彼此，不如應共同合作解決問題，在兩國利益衝突間找到平衡點，而非一味之消滅對方，如此亦不至於影響中美二國之外之國家，更不會引發更多國家間衝突。

中國確實在數位科技標準制定中扮演比起過往更重要的角色。而美國也確實想要以各種方式阻礙中國。因此各國都在極大化自己國家之經濟與國家安全利益。為了預防上述之智慧財產與資訊安全風險所帶來的國家經濟與國家安全問題，政府的作為雖是為解決風險，但其方法往往與貿易及經濟政策目標不恰當的連結。各國、各個區域也似乎都在尋求獨立自主的 5G 供應鏈，因而造成意想不到的負面影響，例如阻礙 5G 的發展與部署、影響技術競爭力、科技領先地位等，[510]進而減弱 5G 供應鏈之韌性。在全球供應鏈動盪重組的過程中，各國都有必要重新思考如何保護國家安全利益，同時促進貿易與投資的國家經濟利益。

因此，中美貿易戰表面上是貿易戰，但隱藏於其中的是中

---

509 一個古希臘城市。

510 David A. Gantz, *supra* note 75, 127.

美各自的國家經濟與國家安全。中國與美國自貿易戰開始，便利用貿易為手段解決上述風險，即便升級為科技戰，再到現今的晶片戰，都仍以貿易為手段。但如此一連串的貿易手段往往對貿易及全球供應鏈帶來巨大波動，而未真正適切的解決風險。

關於供應商、製造商間之商業聯盟、投資來源與聯合研發等等議題並非為傳統之供應鏈風險管理所涵蓋[511]，但對於各國與各企業而言，確切的識別這些風險並減緩或解決它們是重要的。為了讓 5G 自由快速發展，一定要維持其供應鏈之韌性，而該韌性從中美貿易戰可知其受貿易影響甚鉅，5G 領域之軟體、硬體面皆與智慧財產權和資訊安全有關，故要如何排除起因於智慧財產權與資訊安全問題的貿易障礙，正確的達到提升 5G 供應鏈之韌性是本書所欲探討的。

本書在了解供應鏈韌性與管理、提升供應鏈韌性之步驟與方法後，討論了在中美貿易戰之環境背景下，5G 供應鏈中隱含之智慧財產與資訊安全之風險。本書接續將分析美國、中國與歐盟與 5G 相關之貿易政策與手段為何，並探討其等是否和前述之供應鏈管理之理論相符。

---

[511] Interos Solutions, Inc., *supra* note 30, at viii.

第四章　外國貿易政策與法律之分析與探討

從中美貿易戰以來，中國與美國為了保護各自的智慧財產權、資訊安全與供應鏈，運用了許多貿易手段，透過全面排除、直接禁止中國供應商之方法，讓全球市場減少了競爭，因而降低整體供應鏈之韌性。雖然從發動國家之角度而言有其合理性，但在「高關稅」與「各種貿易管制手段」之下，相關手段不僅未真正解決風險，反而減低了全球供應鏈之韌性，各種不利於供應鏈韌性之影響更漸漸浮上檯面，包括過度依賴單一供應商、備用產能與庫存量能不足。[512]

為了上述的智慧財產風險與資訊安全風險而直接禁止使用特定製造商之產品，可能僅為治標之方法。治本之方法應是控制風險並提升供應鏈之韌性。在疫情肆虐之下，更突顯供應鏈韌性之重要。因除了過去中美貿易戰所帶來之風險外，市場需求的不確定性和供應商之間的缺工、缺料、遲延之情形皆對供應鏈帶來新的風險。[513]

風險日新月異，也將越具挑戰，故進行評估、反映、恢復

---

[512] Rainer Schuster et.al, *supra* note 24.

[513] *Id.*

是政府與企業需具備的韌性核心基礎。如 5G 供應鏈，在技術發展速度與靈活度上不斷高度競爭之供應鏈中，提升韌性，是重要且必要的。新的法律或國家政策不僅需要控管以智慧財產與資訊安全為核心的供應鏈風險，更須提升供應鏈之韌性以面對波動的國際經貿社會。由於各國之國家經濟與國家安全利益不盡相同，可能出現衝突或互補之情形，故在了解應如何減緩供應鏈風險以提升供應鏈韌性之方法後，藉著了解美國、中國與歐盟之政策，有助於我國理解可能面臨之風險，也可以為我國找到適當之角色與定位。

壹、美國貿易政策與法律

觀察美國之政策與法律，便會發現其措施並非單純之法律爭議，而是牽涉複雜的政治與經濟。為了打造「安全、可信賴（Safe and reliable）」之 5G 供應鏈，美國自川普總統在任起便祭出了許多貿易政策手段。以下將針對 5G、智慧財產與資訊安全為主之政策與法律進行說明。

一、投資管制

美國自 1975 年起，設立了「美國海外投資委員會（Committee on Foreign Investment in the United States，簡稱

CFIUS）」。此一跨部會機構[514]的主要任務便是審查外國投資交易，即任何涉及外國實體的合併（Merger）、收購（Acquisition）、併購（Takeover）[515]，以防免外國實體透過跨國企業的方式控制美國企業，進而危害國家經濟與國家安全。[516]為了達到允許外國投資進入美國以振興經濟的同時又保護國家安全之目標，只要該交易帶來國家安全的風險，美國海外投資委員會就會啟動審查。[517]

外國投資對於受投資國之經濟往往都是好事，但當來自中國的投資越來越多且開啟「策略性投資」時，便將投資「武器化」[518]，即透過併購或收購美國企業以獲取其智慧財產，在

[514] CFIUS 是一個由來自 11 個不同政府機構的成員組成的委員會，包含財政部、商務部、司法部、國防部、國土安全部、能源部、國務院、美國貿易代表署、科技政策辦公室等。Heath P. Tarbert, *Modernizing CFIUS*, George Washington Law Review, 88, 1477, 1479（2020）.

[515] *Id.* at 1488.

[516] Ari K. Bental, *Judge, jury, and executioner: Why private parties have standing to challenge an executive order that prohibits ICTs transactions with foreign adversaries*, American University Law Review, 69, 1892（2020）. Jayden R. Barrington, *CFIUS Reform: FEAR and FIRRMA, an inefficient and insufficient expansion of foreign direct investment oversight*, Transactions: The Tennessee Journal of Business Law, 21, 77, 80（2019）.

[517] Kirsten S. Lowell, *The new "arms" race: How the U.S. and China are using government authorities in the race to control 5G wearable technology*, George Mason International Law Journal, 12, 75, 83（2021）. Jayden R. Barrington, *supra* note 516, at 82.

[518] Jason Jacobs, *Tiptoeing the line between national security and protectionism: A comparative approach to foreign direct investment screening in the United States and European Union*, International Journal of Legal Information, 47, 105,

中國達成其經濟與科技目標的同時，也已危及美國的國家安全與資訊安全。[519]而 5G 領域需要大量的投資，故與投資限制相關之貿易政策將至關重要。因此，美國於 2018 年通過了「外國投資風險審查現代化法案（Foreign Investment Risk Review Modernization Act，簡稱 FIRRMA）」，為成立超過 40 年的美國海外投資委員會進行改革，擴大其審查權限與審查範圍並降低審查啟動標準，以應對日漸複雜的交易型態。[520]

在 FIRRMA 規範下，外國投資風險審查區分「自願申報」與「強制申報」，[521]但只要外國投資交易涉及「技術轉讓」、「與軍事或政府設施之地理位置相近」、「關鍵基礎設施」與「全球供應鏈」，又可能對於國家安全「帶來影響」，而不需達到「控制」之程度，美國海外投資委員會便可能單方面啟動審查程序，即使企業本身未自願申請審查。[522]而當外國人向從事「關鍵技術」、「關鍵基礎設施」、「敏感個人資訊」三類業務之美國企業進行投資，就會納入美國海外投資委

116（2019）.

519 Kirsten S. Lowell, *supra* note 517, at 81. 許祐寧，同註 460，第 55 頁。

520 許祐寧，同註 460，第 55、56 頁。Jayden R. Barrington, *supra* note 516, at 77 & 86-89. Ari K. Bental, *supra* note 516, at 1893. Kirsten S. Lowell, *supra* note 517, at 77. Heath P. Tarbert, *supra* note 514, at 1477 & 1455.

521 Kirsten S. Lowell, *supra* note 517, at 81. Heath P. Tarbert, *supra* note 514, at 1490.

522 Ari K. Bental, *supra* note 516, at 1892. Jayden R. Barrington, *supra* note 516, at 81.

員會之審查範圍。[523]此外，美國海外投資委員會甚至允許美國政府透過「指定」特定國家為「特別關注國家」，藉以標記那些已宣布其獲得得以影響到美國國家安全相關之關鍵技術或關鍵基礎設施之國家。[524]此措施所針對之國家不言而喻。

值得注意的是，美國海外投資委員會在審查的過程中往往秘密運作，不會公開對外發表任何意見、推論理由或審查之結果。[525]其於審查完成後會直接向美國總統報告審查結果與建議，而只要總統認為有明顯且大量的證據支持該交易可能危害國家安全之論點，當前又無其他法律充分保護國家時，即可採取行動[526]，而不需受司法審查。[527]有認為低透明度的運作過程有淪為政治工具的嫌疑[528]，但廣大的審查範圍與低透明度

523 Kirsten S. Lowell, *supra* note 517, at 82-83. 許祐寧，同註 460，第 55、56 頁。Jayden R. Barrington, *supra* note 516, at 86-89.

524 Joshua P. Meltzer, *supra* note 2, at 12.

525 Ari K. Bental, *supra* note 516, at 1892. J. Russell Blakey, *The Foreign Investment Risk Review Modernization Act; The double-edged sword of U.S. foreign investment regulations*, Loyola of Los Angeles Law Review, 53, 981, 1000（2020）.

526 Jayden R. Barrington, *supra* note 516, at 81-83. Kirsten S. Lowell, *supra* note 517, at 82. J. Russell Blakey, *supra* note 525, at 985.

527 Jason Jacobs, *supra* note 518, at 112.

528 Andrew Thompson, *The committee on foreign investment in the United States: An analysis of the Foreign Investment Risk Review Modernization Act of 2018*, Journal of High Technology Law, 19, 361, 365-368（2019）. 從 CFIUS 歷史觀之，其對總統建議禁止的交易幾乎皆與中國相關，而 5 個確實被禁止的交易中有 3 個交易的禁止理由是源於中國政府對於營運的介入。雖 FIRRMA 未有明確條文針對中國，但由 CFIUS 近期的運作可見，其受政治

的審查過程確實使得中國投資美國企業之難度提升，2016 年時，中國的投資額高達 465 億美元，然而，至 2019 年僅剩下 48 億美元[529]，年度投資額逐漸下滑。

近期，美國海外投資委員會有兩項較著名之審查。2017 年，新加坡公司博通（Broadcom）欲併購美國公司高通（Qualcomm）。但作為美國 5G 通信技術開發和標準制定的領先者，高通不願意接受併購，故自願告知海外投資委員會進行審查；而海外投資委員會在調查博通與外國第三實體的連結後，認為若博通成功收購高通，將會弱化美國在 5G 科技領域中的地位，也會讓中國企業在標準制定過程中取得先機進而主導 5G 的市場與發展，為美國帶來巨大的負面影響。[530]後來，海外投資委員會建議時任美國總統川普為了保護國家安全應阻止該交易，故川普隨後以行政命令禁止該併購交易。[531]以美方角度而言，海外投資委員會以國家安全為由介入並阻止了博通的併購計畫，使得美方不僅能夠維護高通在全球 5G 市場中的可觀市佔率，也能保有高通對其所有之 5G 標準必要專利之

影響程度不低，也已然成為中美角力的戰線之一。

529 Kirsten S. Lowell, *supra* note 517, at 81. Jeanne Suchodolski, *supra* note 125, at 15.

530 Kirsten S. Lowell, *supra* note 517, at 83. Jayden R. Barrington, *supra* note 516, at 77. J. Russell Blakey, *supra* note 525, at 1000. Andrew Thompson, *supra* note 528, at 366.

531 Kirsten S. Lowell, *supra* note 517, at 83. Jayden R. Barrington, *supra* note 516, at 77.

控制權，進而確保美方未來預期之經濟表現。[532]

另一項著名之審查為 2018 年時，字節跳動（ByteDance）以 10 億美元收購了和抖音（TikTok）相似的短影音應用程式—Musical.ly，將其內容和用戶整併到抖音。[533]然至兩年後，即 2020 年，海外投資委員會才展開調查[534]並認為抖音存有中國可以使用、近用美國用戶數據的國家安全問題。[535]其後，時任美國總統川普欲發布行政命令禁止抖音之使用；又表達若美國公司能成功收購抖音，則無需頒布該禁令。當時沃爾瑪（Walmart）、甲骨文（Oracle）、微軟（Microsoft）都有意進行收購事宜，但上述收購後未成功，故川普總統發布行政命令，下令字節跳動應在 90 天內脫離其在抖音的所有權益，與此同時，也禁用了微信（WeChat）。[536]值得注意的是，行政命令聲稱抖音與微信為中國用以宣傳及竊取資訊的載體。[537]

美國不僅在上述之川普總統時期限制外資投資美國，近期拜登政府亦即將頒布史無前例之「美國企業赴中投資」管制規

---

532 J. Russell Blakey, *supra* note 525, at 1000.

533 數位時代（08/03/2018），〈TikTok 海外拼圖要湊齊了？花 10 億美元收購後，Musical.ly 徹底被合體〉。https://www.bnext.com.tw/article/50105/musical-ly-is-merging-with-tik-toks-short-video-platform，最後瀏覽日：2023 年 1 月 11 日。

534 若有情勢變更之發生，CFIUS 都可以再次展開審查，再次考量特定交易帶來的影響。Heath P. Tarbert, *supra* note 514, at 1489.

535 David A. Gantz, *supra* note 75, 127.

536 Kirsten S. Lowell, *supra* note 517, at 83-84.

537 David W. Opderbeck, *supra* note 377, at 183. 行政命令 13482 號。

定。新禁令將要求美國企業對中國技術企業進行新投資前必須通知政府，並禁止如晶片等關鍵領域之相關貿易往來。拜登政府亦透露考慮禁止 TikTok 等中國應用程式。[538]上述類型之投資管制其實限縮了外國投資對於產業可能帶來之巨大創新，進而減緩了供應鏈可能之技術進步，雖可能維護一定程度之國家安全利益，然係犧牲供應鏈之韌性。

二、人才流動管制

就「人才流動」觀之，教育一直是中美兩國幾十年來的合作重點，不僅使中國之資金迅速流向美國，也使美國的研究蓬勃發展。然美國頒布的簽證限制，使得更多的學生及人才選擇留在中國。[539]根據 BBC 新聞指出[540]，美國簽證有區分各種種類[541]，其中，美國針對中國多名簽證申請人拒發學生與訪問學者的簽證。有認為這與美國指控中國有計畫性地透過「千人

[538] Politico（04/18/2023）, “White House nears unprecedented action on U.S. investment in China”, available at: https://www.politico.com/news/2023/04/18/biden-china-trade-00092421, last visited 4/29/2023.

[539] Kimberly A. Houser & Anjanette H. Raymond, *supra* note 151, at 138.

[540] BBC（07/08/2021），中國留學生：500 多理工生赴美簽證被拒，美方稱只影響「極少數人」，https://www.bbc.com/zhongwen/trad/world-57758480，最後瀏覽日：2023 年 1 月 11 日。

[541] 外國工作簽證是 H1-B。Kimberly A. Houser & Anjanette H. Raymond, *supra* note 151, at 134.

計畫（Thousand Talents Plan）」於研究機構竊取智慧財產有關。[542]根據中國政府的最新數據，2019 年前三個月，中國政府資助的學生被拒簽的比例即從 2018 年同期的 3.2% 增加到 13.5%。[543]美方認為中國利用人才與技術的流動，盜用美國之科技技術。[544]川普政府祭出取消中國留學生與學者之簽證，便是希望可以從研究與教育機構中防堵智慧財產權之竊取或網路間諜之行動。[545]此貿易戰中之一的政策使美國無法吸納海量之外國人才。而人才的欠缺會直接影響基礎設施的研發與部署[546]，進而降低美國國內科技之創新與進步。

2022 年 10 月，美國商業部工業和安全局（Bureau of Industry and Security，簡稱 BIS）發布一項新的臨時規則，主要是為了限制向中國出口敏感技術，特別是先進計算和半導體能力。[547]此禁令當中，禁止美國人員協助中國研發或製造先進之晶片，除非已事先取得許可。該美國人員，包含美國公

---

542 Times（06/03/2019）, "Trump's Trade War Targets Chinese Students at Elite U.S. Schools", available at: https://time.com/5600299/donald-trump-china-trade-war-students/, last visited 1/11/2023.

543 *Id.*

544 *Id.*

545 Jeanne Suchodolski, *supra* note 125, at 15.

546 Kimberly A. Houser & Anjanette H. Raymond, *supra* note 151, at 139.

547 Reuters（10/18/2022）, "Restricting exports of sensitive technology to China", available at: https://www.reuters.com/legal/legalindustry/restricting-exports-sensitive-technology-china-2022-10-17/, last visited 1/11/2023.

民、取得永久居留權者、居住在美國之人員及美國企業。[548]

過去的川普政府之拒簽簽證政策與拜登政府之晶片禁令，完全阻礙了中美間人才雙向之流通，更無法達到人盡其才之理想。如此不僅遲緩了中國與美國各自國內企業之技術進步，更影響了整體供應鏈之進程與韌性。

三、進出口管制與乾淨網路（Clean Network）

上述的海外投資委員會制度聚焦於外國對於美國企業的投資，人才流動管制關注於無形的智慧資產，而出口貿易管制制度則側重於外國與美國間購買的各種物品。[549]2018 年 8 月，美國國會通過了「出口管制改革法案（Export Control Reform Act，簡稱 ECRA）」。此法案為「出口管制條例（Export Administration Regulations，簡稱 EAR）」提供了永久的法定授權依據。[550]前身為「國際緊急經濟權力法（International Emergency Economic Powers Act，簡稱 IEEPA ）」中有關出口管制之部分。[551]而該條例是由美國商業部工業和安全局所

---

548 《經濟日報》（10/16/2022），拜登的半導體禁令，在陸企任職的美國高管左右為難。https://money.udn.com/money/story/5599/6691397，最後瀏覽日：2023 年 1 月 11 日。

549 Heath P. Tarbert, *supra* note 514, at 1492.

550 Ari K. Bental, *supra* note 516, at 1891. Heath P. Tarbert, *supra* note 514, at 1492. J. Russell Blakey, *supra* note 525, at 995.

551 在網路時代，IEEPA 也須修改與時俱進。故後由 FIRRMA 與 ECRA 所取代。

執行與管理。[552]ECRA 要求跨機構間之合作，以識別出對美國國家安全至關重要的「新興與基礎技術（emerging and foundational technology）」，利用「出口管制條例」管理與控制[553]，並特別授權可以透過「實體清單（Entity List）」作為執行該管理與控制的手段[554]。「出口管制條例」主要規範出口（Export）、再出口（Re-export）、美國商業、兩用物品和不敏感的軍用商品、軟體與技術的國內轉移（In-country transfer）。[555]其中，只要受到控制的物品落入外國人手中，就將被「視為出口（deemed export）」，換言之，受到控制的特定物品無須實際移出美國境外，即可被視為「出口」。[556]

出口貿易管制，係指政府透過管制特定有形或無形物品向外國目的地或實體流動之法規範，係為維護其國家安全利益並促進外交政策目標。[557]主要針對有形或無形物的部分，即包括硬體、組成物、技術、技術數據、軟體、訓練等。[558]美國透過「出口管制改革法案」、「出口管制條例」與「出口管制

[552] Ari K. Bental, *supra* note 516, at 1891. Heath P. Tarbert, *supra* note 514, at 1492. J. Russell Blakey, *supra* note 525, at 995.

[553] Ari K. Bental, *supra* note 516, at 1891.

[554] David W. Opderbeck, *supra* note 377, at 185.

[555] Heath P. Tarbert, *supra* note 514, at 1492.

[556] *Id.*

[557] Jeannette L. Chu, *Export Controls - Intersections or Collisions*, PWC, 4（2019）.

[558] *Id.*

實體清單」以防止附著於「貨品」上之「關鍵技術」外流。[559] 其中，針對資訊通訊產品等終端使用者之出口管制，美國認為只要有具體明確的事實使其認為已危害到美國國家安全與外交政策利益之重大風險之個人或實體[560]，即應被列入「實體清單」，必須另外取得美國商務部的許可證，才能向清單上之個人或主體進行出口。[561]為了防堵中國之華為公司竊取美國之智慧財產與相關技術，美國便將其納入商務部之「實體清單」。美國之出口管制政策除了防止其本國技術外流，也隱含呼籲全球廠商重新檢視供應鏈之布局，故也間接地影響了供應鏈之韌性。

有趣的是，在 IEEPA 中，總統欲發動其限制之權利是有條件的，然而 ECRA 卻無。[562]由此可知國會在 ECRA 中給予總統更廣泛的權力以限制「資訊材料」之出口。這也表示總統有更多的權力可以將「交易資訊或資訊材料」相關之實體或可能造成「巨大干擾關鍵基礎設施」之實體列入商務部之實體清

[559] 許祐寧，同註 460，第 49 頁。Jeannette L. Chu, *supra* note 557, at 12.

[560] "Reasonable cause to believe ... that the entity has been involved, is involved, or poses a significant risk of being or becoming involved in activities that are contrary to the national security or foreign policy interests of the United States." 15 CFR § 744.11 - License requirements that apply to entities acting contrary to the national security or foreign policy interests of the United States. available at: https://www.law.cornell.edu/cfr/text/15/744.11, last visited 1/11/2023.

[561] 許祐寧，同註 460，第 50 頁。

[562] David W. Opderbeck, *supra* note 377, at 185.

單。[563]

有認為，由於華為被列入實體清單，故其喪失了美國大部分之市場營收，因而轉變為向美國法院主張其所有之專利權，透過專利訴訟以獲取相應之授權金並開闢新的金流。[564]根據華為所揭露之財報，2022 年上半年，銷售收入為 425 億美元，比前年同期下滑 5.8%；而淨利率從 9.8%下滑到 5.0%，此大幅縮減表示華為的上半年淨利潤約在 21 億美元上下，比前年同期下滑 51.97%。由此可見，出口管制等禁令著實對華為傷害甚深。[565]但把華為列入實體清單不僅沒有解決原本的智慧財產風險，反而因為代償的因素，導致其可能多提出訴訟以維持財源，影響供應鏈中其他企業之市場獲利與穩定性，進而減弱供應鏈韌性。[566]

此處值得注意的是，若認為只有使用中國的 5G 設備會有智慧財產與資訊安全等風險時，是危險的。基於此看法做出之措施往往是直接將中國之供應商排除於供應鏈之外，然此做法不僅不可能達到風險之完全禁止，更大大降低 5G 供應鏈之韌性。

563　*Id.*

564　Jonathan Stroud & Levi Lall, *supra* note 372, at 453.

565　BBC（08/27/2022），華為任正非稱全球經濟 3 至 5 年不會好轉，「寒氣傳遞給每一個人」。https://www.bbc.com/zhongwen/trad/business-62686567，最後瀏覽日：2023 年 1 月 11 日。

566　Jonathan Stroud & Levi Lall, *supra* note 372, at 460.

透過 FIRRMA 和 ECRA 的制定、出口管制制度與海外投資審查制度的雙管齊下，極力阻止與防衛該國之關鍵技術出境，此重疊但互補的系統反映出美國認為其對於保護國家安全是必要的措施。[567]

2022 年 10 月，美國商業部工業和安全局所發布的臨時規則，是一套全面性的出口管制措施，其中包括禁止中國使用美國設備在世界任何地方製造特定的半導體晶片，透過擴大其影響範圍，以減緩中國之技術和軍事的進步。[568]此措施與先前川普政府之差異在於從針對特定實體整體，轉變為特定物品之管制。也象徵美國之貿易政策開始進入「小院高牆（Small yard, high fence）」的新階段。

對於進口而言，美國法院認為涉及標準必要專利時，是否核發禁制令仍應依據普遍之規範標準。即原告必須證明下列事項：原告遭受了無法彌補的傷害；法律上可用的補救措施，例如金錢賠償，不足以補償該傷害；考慮到原告和被告之間的衡平性是必要的；永久禁令不會損害公共利益。[569]

美國司法部指控華為公司竊取美國之智慧財產權及商業機

---

[567] Heath P. Tarbert, *supra* note 514, at 1493.

[568] Reuters（10/10/2022）, "U.S. aims to hobble China's chip industry with sweeping new export rules", available at: https://www.reuters.com/technology/us-aims-hobble-chinas-chip-industry-with-sweeping-new-export-rules-2022-10-07/, last visited 1/11/2023.

[569] eBay Inc. v. MercExchange , L.L.C.

密，又因為「乾淨網路」[570]政策將華為列於「實體清單」上，並全面禁止華為之產品，將其排除於供應鏈之外。[571]2019 年的國防授權法案（National Defense Authorization Act，簡寫為 NDAA）中，更有規定禁止任何聯邦執行機構進一步的向某些特定實體簽約採購或使用任何設備、系統或服務。[572]而華為、中興及其他幾家中國企業便屬於法案所稱之「對美國國家安全具威脅」之實體。[573]此法案雖僅限制政府採購事項，然其顯示了美國欲排除華為於美國市場之政策態度。[574]

就美國之角度而言，似乎希望藉此打擊華為在 5G 技術上之地位和市場上之佔有率，進而穩固美國自身在 5G 領域及國際上之領先地位。然此將供應商排除於供應鏈之外之作法，使供應鏈缺少一個供應商，也相對應的減少供應商選擇之多元性，不僅降低了供應鏈之韌性也對於全球供應鏈皆造成不利之影響。且若美國企業亦須遵守禁令，表示美國企業亦須全面禁止與華為之生意往來[575]，則其等必須找尋替代之供應商，將可能影響美國企業之營收與獲利。[576]當國內企業無法獲得適

---

570 US Department of States, "The Clean Network", *supra* note 4.

571 許祐寧，同註 460，第 53 頁。

572 David W. Opderbeck, *supra* note 377, at 186.

573 *Id.*

574 *Id.*

575 Jonathan Stroud & Levi Lall, *supra* note 372, at 453.

576 顧瑩華（2019），〈美中貿易戰的發展及未來可能進展〉，《經濟前

當的營收，將進而影響企業之投資，造成研發能力之下降。[577]當國內研發能力下降，則是必須要他國供應商之協助。如此一來將進入惡性循環。

美國國際貿易委員會發布之禁制令雖然可以保護專利權人，但也會干擾供應鏈之韌性，又因為禁制令之效力是阻止有侵害專利權「之虞」之商品進入市場，因此可能弱化供應鏈之韌性，甚至阻礙科技之發展。[578]

中美貿易戰即將邁入第六年，但中美兩國仍然高度相互依賴彼此之進出口貿易，尤其是中國十分仰賴美國的晶片，儘管中美雙方都不會承認，但雙方都不能在不延遲 5G 布建之情況下失去對方。[579]若以全球角度觀之，如此膠著之情形對於全球貿易及 5G 供應鏈都帶來負面影響。

當美國利用貿易政策，將華為列入實體清單並禁止美國企業向華為提供部分零組件與技術時，確實能使得華為很難於全球市場中推出 5G 設備，但也同時影響了原先仰賴華為提供設備之許多國家。供應鏈本來即為環環相扣，牽一髮而動全身。當美國在現今技術、人才、貨品、數據皆可自由流通的世界中試圖利用各種貿易手段在華為等中國公司周圍築起一道長城，雖然可以殺傷他人，但也會影響本國，更會牽動依賴著全球貿

瞻》，第 185 期，第 16 頁。

577 顧瑩華，同註 576，第 16 頁。

578 Kenny Mok, *supra* note 104, at 1979.

579 Kimberly A. Houser & Anjanette H. Raymond, *supra* note 151, at 144.

易的許多其他國家，甚至是提供了華為或中國在技術上達到自給自足之誘因。如此不僅牽動著供應鏈之重組，也大大影響供應鏈之韌性。

四、國家網路戰略（National Cyber Strategy of the United States of America）

此戰略以保護美國的國家安全、促進美國人民的繁榮、確保網路空間之安全為目標。其四大支柱為，「保護美國人民、國土和美國生活方式」、「促進美國繁榮」、「以實力維護和平」、「推進美國影響力」。[580]

雖此國家網路戰略所針對者為網路資訊系統之韌性，而非完全與本書所欲探討之供應鏈韌性相符。然其提及了所謂之風險減緩方法，例如：應改善聯邦供應鏈風險管理，即政府應將供應鏈風險管理整合到機構採購和風險管理流程中[581]、跨部門間之資訊流通[582]、建立新興技術的新方法與建立面對大規模或長期中斷的韌性[583]。

值得注意的是，此國家網路戰略係由川普政府提出，然其文件內容所指之內容與本書前述之川普所作所為似乎背道而

[580] The Wight House, National Cyber Strategy of the United States of America, 3（2018）.

[581] *Id.* at 7.

[582] *Id.* at 7.

[583] *Id.* at 7.

馳。雖然戰略有運用風險減緩方法，然其文件中利用極端的字眼包裝其想法，字句充滿民族主義。如文中提及「我們的競爭對手躲在主權概念的背後，肆無忌憚的違反其他國家的法律，從事有害的經濟間諜活動和惡意網路活動，對世界各地的個人、商業和非商業利益和政府造成嚴重的經濟破壞和傷害。」其中更指名道姓地稱「中國從事網路經濟間諜活動和數萬億美元的智慧財產竊盜活動。」更直言「恐怖份子和罪犯等非國家行為者，利用網路牟利或攻擊美國及其盟友，而其行動往往受到敵對國家之保護。」[584]因此，似乎可以推論本文件與時任美國總統川普之目標皆是打擊中國，惟其政策文件與實際制訂出之法律規範路線歧異，實際之法律規範並無確實實踐風險減緩之方法，從而造成供應鏈韌性降低之可能可想而知。

五、保障 5G 的國家戰略（National Strategy To Secure 5G of the United States of America）

美國川普政府認為，由於 5G 基礎設施可以傳輸及處理大量之數據，且 5G 將成為關鍵基礎設施之核心支持，故將成為對於犯罪份子及外國對手極具吸引力之攻擊目標。犯罪份子及外國對手將可能透過網路竊取機密資訊以獲取金錢利益，或利用系統和設備進行情報蒐集與監視，更可能破壞或惡意修改依

[584] *Id.* at 11.

賴通信基礎設施之服務。鑒於上述威脅，5G 基礎設施必須安全、可靠（Safe and reliable），以維護資訊安全並解決關鍵基礎設施、公共安全、經濟和國家安全所面臨之風險。

而此戰略提及之四個努力方向為：促進國內 5G 之推出、評估 5G 基礎設施之風險並確定核心安全原則、在全球開發和部署 5G 基礎設施期間解決美國經濟和國家安全面臨的風險、促進負責任的全球 5G 開發和部署。[585]其中，相關政策包含 FCC 5G FAST 計畫[586]，定期評估基礎設施之資訊安全威脅、經濟與國家安全等風險。[587]而美國政府亦應努力與私部門共同制定相關標準，並在國際標準組織中保持並加強美國在 5G 方面之領導地位。[588]此文件中亦採用風險減緩方法，如：與 5G 供應鏈之夥伴合作、風險識別與評估、供應來源多元化與促進國內競爭力。

然綜觀整篇文件，川普政府之目標便是期望打造完全自主供應鏈，也就是只依賴自己的、本國的供應鏈，把有威脅的國家踢出供應鏈，整篇文章的「韌性（resilience）」也僅出現一次，雖有列出減緩風險之方法，但本書認為完全自主之供應鏈便不符合該文件本身提出之供應來源多元化之目標，不僅失去

---

585 The Wight House, National Strategy to Secure 5G of the United States of America, 1（2020）.

586 *Id.* at 1.

587 *Id.* at 2.

588 *Id.* at 6.

全球化、專業分工的優點，反而降低了供應鏈之韌性。

退步言之，即便川普政府確有實踐風險減緩與提升韌性之方法，然其亦有許多破壞供應鏈韌性之措施，故相抵之下並未有利於供應鏈整體韌性。川普總統時代（2017 年 1 月 20 日－2021 年 1 月 20 日）的政策，似乎缺乏適法性與合比例性。[589] 但其象徵著美國政策的轉變，不再認為更加自由的貿易會帶來安全，而是應透過保護國內工業的貿易政策來維護美國的國家安全。[590]

除了上述兩項國家戰略外，美國商務部於 2019 年 5 月將華為及其相關公司列入實體清單中，禁止未經許可之出口、再出口和轉讓。商務部更和聯邦通信委員會共同提出相關政策與法規，包含在網路中「淘汰和更換（Rip and Replace）」現有的華為與中興之設備。[591]安全可信通訊網路法（Secure and Trusted Communications Network Act of 2019）亦禁止使用聯邦資金向由聯邦通信委員會所維護的清單中的公司購買電信設備，該清單中包含由華為生產或提供的任何設備[592]。

2019 年 5 月的 13873 號行政命令與「保護資訊與通訊技術和服務」相關，禁止某些牽涉設計、開發、製造或提供資訊通

---

[589] Katie Mellinger, *supra* note 102, at 5-7.

[590] J. Benton Heath, *supra* note 473, at 227.

[591] David W. Opderbeck, *supra* note 377, at 167 & 170.

[592] *Id.* at 191.

訊技術或服務之交易由外國對手擁有、控制或指示。[593]美國政府認為此類情形對美國國家安全造成不適當或不可接受的風險，故希望藉此解決 5G 基礎設施中高風險供應商之風險。[594]

雖有認為川普對於華為的行動是前所未見的，但其似乎濫用了其所擁有的行政權力，如以 IEEPA 為由而合理化關稅是一種濫用，[595]此並非符合自由市場及正常法律規則的運作。[596]美國在貿易方面的阻礙與 5G 方面部分政策的失誤，不僅會損害其國內基礎設施的布建，也很可能使其失去其國際地位。

六、100 日調查報告（100-Day Reviews under Executive Order 14017）

拜登時代（2021 年 1 月 20 日至今）於上任後即進行關於美國供應鏈之 14017 號行政命令下的調查報告。主要目標為建立韌性供應鏈、振興美國製造業與促進廣泛的增長。[597]該文件提到，更安全、更具韌性的供應鏈對於美國的國家安全、經濟安全、科技上的領導地位至關重要。[598]

---

593 The Wight House, *supra* note 585, at 4-5.

594 *Id.*

595 David W. Opderbeck, *supra* note 377, at 167.

596 *Id.*

597 The White House, Building Resilient Supply Chains, Revitalizing American Manufacturing, and Fostering Broad-Based Growth, 100-Day Reviews under Executive Order 14017, 2（2021）.

598 *Id.* at 5.

其首先針對美國關鍵供應鏈進行全面性之審查，辨識供應鏈中之弱點與風險，並發展出提升韌性之方法。[599]文件中提出許多提升韌性之方法，包含隨時監控供應鏈情形、供應來源多元化[600]、與國際盟友之合作、調整安全庫存與投資國內之生產[601]。

七、晶片及科學法案（Chips and Science Act）

該法案是在全球半導體短缺的情況下催生的，旨在提供補貼及稅收抵免予在美國開展業務的晶片製造商。將授權 1,100 億美元用於五年內的基礎和先進技術研究。針對人工智能、半導體、量子計算、先進通訊、生物技術和先進能源領域的基礎和進階研究、商業化以及教育和培訓項目的投資達 1,000 億美元。[602]

晶片及科學法案之目標在於到 2026 年前將投入 520 億美

599 *Id.* at 6.

600 *Id.* at 7.

601 *Id.* at 8.

602 The White House（08/09/2022）, “FACT SHEET: CHIPS and Science Act Will Lower Costs, Create Jobs, Strengthen Supply Chains, and Counter China”, available at: https://www.whitehouse.gov/briefing-room/statements-releases/2022/08/09/fact-sheet-chips-and-science-act-will-lower-costs-create-jobs-strengthen-supply-chains-and-counter-china/, last visited 1/11/2023.

元用於製造和研發晶片，主要目的是對抗中國。[603]並透過降低成本、創造就業機會、加強供應鏈，希望藉此提高美國製造的半導體產量，解決供應鏈漏洞以在美國生產更多商品，重振美國的科學研究和技術領導地位，並加強美國在國內外的經濟和國家安全。[604]

該法案明確意識到，提升供應鏈韌性之最根本方法為提高國內競爭力。因此該法案表明透過投資，以恢復和提升美國在半導體研究、開發和製造方面的領導地位。[605]此外，投資將減少其對來自中國和其他脆弱或過度集中的外國供應鏈的關鍵技術的依賴。此即係為了達到減少依賴，提高供應鏈韌性。[606]

從上述整理可知，美國政府的態度從川普政府到拜登政府似乎有所轉變。雖然二者之政策文件都提及減緩風險與提升供應鏈韌性之方法，然二者之用語與實際做法不盡相同。例如，

---

603 *Id.*

604 The CHIPS and Science Act, available at: https://science.house.gov/chipsandscienceact, last visited 1/11/2023.

605 The White House（08/25/2022）, "Executive Order on the Implementation of the CHIPS Act of 2022", available at: https://www.whitehouse.gov/briefing-room/presidential-actions/2022/08/25/executive-order-on-the-implementation-of-the-chips-act-of-2022/, last visited 1/11/2023.

606 *Id.* 值得注意的是，美國商務部在 2023 年 3 月初制定了申請補助的相關遊戲規則，以確保美國政府所有的補助都將用在美國本土及晶圓廠之投資。該遊戲規則規定受補助之半導體企業須向美國政府提交商業機密，包含晶圓產能、利用率、投片量、良率表現、銷售價格、營收預估及現金流量等涉及企業營業秘密之資料。此遊戲規則不僅可能造成企業卻步，更顯示出經濟、政治與智慧財產已交纏不清。

兩任政府對於 5G 供應鏈之期望目標不同，從希望供應鏈是「安全、可靠」到「提升韌性」。而關於「韌性」一詞，從川普時期之兩份文件中只出現不到 10 次，到拜登時期一份文件便出現 120 次。從致力於排除中國企業以達成「供應鏈本土化」，再到「供應鏈來源多元化」。再再顯示美國態度與目標之轉變，然川普時代「乾淨網路（Clean Network）」、拜登時代「100 日調查報告（100）」與「晶片及科學法」都希望藉由去中化供應鏈，阻擋外國至中國投資，欲孤立中國。由此可見，納入中國供應鏈從未成為其達成「供應鏈來源多元化」之選項之一。但在全球分工之現況下若直接將中國企業排除於供應鏈之外，或進行脫鉤政策，其實都降低了全球供應鏈之韌性。

承上所述，美國利用貿易政策來限制外國政府接觸本地國之技術與產品，除了避免本地技術等智慧財產外流，也防止此類技術加速外國政府發動網路攻擊等資訊安全問題，而保護國家安全。而隨著新技術，即 5G 的問世，其伴隨著巨大的應用可能，故各種貿易手段隨之增強力度、擴大範圍。但各種貿易手段並非皆得以達到阻止他人獲得相關技術之目標，有時可能適得其反，例如美國曾對衛星技術進行出口管制，然不僅未達目的，更因此提供競爭對手得以自行發展之能力及佔據全球市場之機會[607]。美國希望藉由貿易政策來解決中美貿易戰所隱

[607] Joshua P. Meltzer, *supra* note 2, at 10.

含之智慧財產與資訊安全之風險與疑慮，但卻影響全球經濟與供應鏈韌性與穩定性。

貳、中國貿易政策與法律

中國長期以來一直將資訊通訊領域視為重要關鍵領域，因此提供相關鼓勵政策並注入了龐大的國家資本與力量。[608]除了過去利用市場進入之允許換取跨國公司之智慧財產或透過收購企業以獲取技術之知識外，近期更是提出許多重點政策，以下將針對與 5G 及貿易相關之政策進行討論。

一、投資管制

中國過去很鼓勵外資將新技術、新產品及就業機會帶入中國。因此提供許多稅收優惠與其他優惠吸引外國之直接投資。[609]而中國國內龐大之市場也是極大之誘因。然過去，依據中國的《外商投資法》，美國等外資若想要於中國市場中插旗，必須符合許多規定。如外資必須與和政府有關之中國企業合資（Joint venture）[610]，並進行「強制技術移轉」[611]；外資亦有

608　Interos Solutions, Inc., *supra* note 30, at v.

609　Interos Solutions, Inc., *supra* note 30, at 20.

610　Jeanne Suchodolski, *supra* note 125, at 2.

611　Jan-Peter Kleinhans, *supra* note 48, at 10.

股權之限制與核發執照之繁複審查與許可程序。[612]中國有系統地進行投資與併購，不僅要求外國企業授權技術，更迫使外國企業將技術移轉於中國企業，甚至支持以網路入侵外國企業以竊取智慧財產。[613]透過法律規定之強制技術轉移，中國企業可以很有效率地將美國企業徵招入伍，成為中國的研發國家隊。[614]中國對於外國直接投資之限制也不僅於此，尚包括股權限制、經營限制與雇用人員限制，其包含限制分支機構、資本匯回、廠房與土地所有權、雇用外國人作為關鍵人員之限制等。[615]

針對美國對其之 301 調查報告之指控[616]，中國於 2019 年通過《外商投資法》之修法作為回應，並於 2020 年起施行。其修改內容可區分為三大方面，即促進外資投資、外資投資保障與外資投資管理。其中更聚焦於「強制技術轉讓」之爭議，特別明訂中國企業與外資進行技術合作時，應由雙方協商合作條件，而不得利用行政手段進行強制技術轉讓[617]，更強調不得違法干預或影響外資正常生產經營活動[618]，並應建立外資

[612] 顏瑩華，同註 576，第 13 頁。

[613] Kirsten S. Lowell, *supra* note 517, at 81. Jeanne Suchodolski, *supra* note 125, at 9.

[614] Jeanne Suchodolski, *supra* note 125, at 9.

[615] Interos Solutions, Inc., *supra* note 30, at 21.

[616] USTR, *supra* note 118.

[617] 《外商投資法》，第 22 條。

[618] 《外商投資法》，第 24 條。

企業投訴機制，以便解決企業間之糾紛或困難[619]。新修法看似提供外資許多保障，為其能否具體被落實以破除美國 301 報告之指控，才是未來觀察之重點所在。

美國政府多年來往往公開指控中國竊取美國之智慧財產，包括專利、營業秘密、商標與著作。[620]而中國似乎也將透過展開打擊侵權行為以加強司法和行政之保護，並加強對外國公司智慧財產權之保護。例如《外商投資法》第 22 條即明訂，「國家保護外國投資者和外商投資企業的知識產權，保護知識產權權利人和相關權利人之合法權益；對知識產權侵權行為，嚴格依法追究法律責任。」[621]但具體施行結果將如何，則有待後續觀察。

換言之，外國投資在中美角力關係中扮演重要的角色，對於經濟而言更是舉足輕重。中國利用強制技術移轉政策取得美國之智慧財產，而美國則利用外國投資風險審查現代化法案進行審查與圍堵。[622]避免中國藉由投資或併購美國企業取得國家關鍵技術，並得接近或使用美國之關鍵基礎設施，進而取得

---

619 《外商投資法》，第 26、27 條。

620 James M. Cooper, *supra* note 125, at 2.

621 中華人民共和國外商投資法，https://www.6laws.net/6law/law-gb/%E4%B8%AD%E8%8F%AF%E4%BA%BA%E6%B0%91%E5%85%B1%E5%92%8C%E5%9C%8B%E5%A4%96%E5%95%86%E6%8A%95%E8%B3%87%E6%B3%95.htm，最後瀏覽日：2023 年 1 月 11 日。

622 Kirsten S. Lowell, *supra* note 517, at 80.

智慧財產等敏感資訊。[623]

隨著中國對於美國投資的增加，讓美國的科技與經濟成為中國政府進行網路間諜活動的目標。[624]過去 20 年間，中國的網路間諜活動估計每年造成 200 億至 300 億美元的損失。[625]而網路間諜活動不僅損害智慧財產權的收益，對於智慧財產的發明者與經濟本身也帶來巨大的威脅。由此可見，網路的資訊安全、智慧財產與經濟貿易間息息相關。[626]

此外，針對美國關於「實體清單」之攻擊，中國亦以「不可靠實體清單（Unreliable Entity List）」作為回擊[627]，若有違反中國法律，危害中國國家主權、安全和發展利益，違反市場原則，損害中國企業、其他組織和個人的利益者將列入這份名單。[628]

---

623 *Id.* at 81-82.

624 J. Russell Blakey, *supra* note 525, at 998.

625 J. Russell Blakey, *supra* note 525, at 998.

626 *Id.*

627 中華人民共和國商務部（2020），商務部令 2020 年第 4 號不可靠實體清單規定。http://www.mofcom.gov.cn/article/b/fwzl/202009/20200903002593.shtml，最後瀏覽日：2023 年 1 月 11 日。

628 Reuters（09/20/2020）, “China does not have a timetable for 'unreliable entities list'”, available at: https://www.reuters.com/article/usa-trade-china-entities-idUSKCN26B068, last visited 1/11/2023.

二、一帶一路[629]（One Belt One Road）

中國於 2013 年便提出「一帶一路」，其涉及了大量的雙邊和區域貿易與投資協議[630]，針對周邊國家之基礎建設，旨在提高國際合作和基礎設施之互連[631]。過去，有 138 國參與，橫跨歐亞非三洲。

此計畫在規劃之初，估計一帶一路之沿線國家的年貿易額將超越美國，在未來十年上看 2.5 萬億美元。[632]更預計到 2030 年，一帶一路將為全球收入增加 0.7%。[633]中國不但提供建設之協助，由於基礎建設會連帶影響後續之服務與使用，其中，亦包含數位與數據相關的基礎建設，故間接的影響國外的數據治理，傳入了中國網路治理方式等軟性措施，進而產生所謂數據絲綢之路（Digital Silk Road）。

此項看似為貿易相關之倡議，實則隱含對於智慧財產之保護與資訊安全治理之方法。習近平也曾於 2020 年提及智慧財產權保護時說道：深化一帶一路沿線國家在智慧財產方面之合作並促進知識共享是必要的。必須加強涉及國家安全之關鍵核

---

[629] Matthew S. Erie & Thomas Streinz, *The Beijing effect: China's digital silk road as transnational data governance*, New York University Journal of International Law & Politics, 54, 1（2021）.

[630] James M. Cooper, *supra* note 125, at 5.

[631] *Id.* at 5.

[632] *Id.* at 5.

[633] *Id.* at 5.

心技術之自主研發與保護並完善相關之法規與政策措施。[634]因為透過一帶一路，由中國主導所創造出之智慧財產權，勢必需要受到中國之有效保護；而基礎建設會連帶影響後續之服務與使用，故間接的傳入了中國之標準與治理方式等軟性措施。

但目前全球與中國本身出現經濟衰退，參與國家近期也開始浮現龐大問題，例如建設完成卻無法負擔巨額貸款之情形，故一帶一路能否持續有疑慮，但可能不會是終點，而可能開展新的篇章，故未來進展將值得關注。

三、中國製造 2025（Made in China 2025）

2015 年中國宣布了「中國製造 2025」計畫，計畫在 10 年內讓中國在 10 個高科技目標領域[635]成為領導者[636]，並將中國從以數量為重的世界工廠轉變為以質量為重，從「製造大國」邁向「製造強國」的工業政策藍圖。[637]「5G 科技」即為計畫中之優先部門之一。計畫之目標可區分為三部分：技術、人才、智慧財產。技術，著重加強企業對於先進技術之研發投資；人才，進行招募計畫，提供吸引人才之誘因；提升智慧財產之保護。而該政策提出初期，美國 301 調查報告便指稱中國

---

634 *Id.* at 6.

635 Katie Mellinger, *supra* note 102, at 2. 包括電動車、資訊科技、通訊、機器人與人工智慧。

636 Heath P. Tarbert, *supra* note 514, at 1486-1487.

637 James M. Cooper, *supra* note 125, at 3.

製造 2025 的重點在於透過各種方式獲取外國技術，並尋求減少對其他國家技術的依賴。[638]

然中國針對 5G 的部署，自 2013 年起就著手開始準備 5G 的布建，即早便發展策略，投資超過 4,000 億美元；而反觀美國僅有 240 億美元，且並未提出 5G 相關完整之規劃。[639]由此可見中國的野心與目標。[640]此外，其更要求加強涉及國家經濟與國家安全之製造業投資、採購、併購之審查。[641]中國展現其想要成為世界經濟強國之願景，希望從製造基地轉型為跨國的智慧財產權與通信設備供應商，如司馬昭之心。[642]

四、中國 5G 願景與需求白皮書

中國 5G 願景與需求白皮書於 2014 年就出版，可見中國未雨綢繆及提早佈局之野心。其內含 5G 總體願景、驅動力和市場趨勢、業務、場景和性能挑戰、可持續發展及效率需求、5G 關鍵能力、總結及展望。[643]關於 5G 的發展，中國似乎是由政府主導一切，透過國家性的計畫來發展，但美國則是依賴私

---

638 USTR, *supra* note 118, at ii.

639 Kimberly A. Houser & Anjanette H. Raymond, *supra* note 151, at 141.

640 Kirsten S. Lowell, *supra* note 517, at 85.

641 Interos Solutions, Inc., *supra* note 30, at 22.

642 除此之外，中國亦發布「中國標準 2035」，目標要在標準尚未成形之新興科技領域，搶占先機。

643 中國信息通信研究院，5G 願景與需求，http://www.caict.ac.cn/kxyj/qwfb/bps/201804/t20180426_158197.htm，最後瀏覽日：2023 年 1 月 11 日。

部門進行發展。[644]

白皮書指出，5G 的性能需求和效率需求共同定義其關鍵能力，如同一株綻放的花朵，紅花綠葉，相輔相成。[645]而花瓣代表了 5G 的六大性能指標，體現了 5G 滿足未來多樣化業務與場景需求的能力。[646]其更點出於 2020 年之後，5G 將滲透到未來社會的各個領域，並以用戶為中心構建出全方位的資訊生態系統。5G 不僅將使資訊突破時空限制，提供使用者極佳的交互體驗與資訊環境；5G 更將能拉近與萬物的距離，最終實現人與萬物的互聯之願景。[647]

參、歐盟貿易政策與法律

一、5G 網路資通安全減緩風險措施工具箱[648]（Cybersecurity of 5G Networks EU Toolbox of Risk Mitigating Measures）

「5G 網路資通安全減緩風險措施工具箱」提出首先應透過「風險客觀評估（Risk Assessment）」，即「5G 網路安全

---

[644] Kirsten S. Lowell, *supra* note 517, at 77.

[645] 中国信息通信研究院，同註 643。

[646] 同前註。

[647] 同前註。

[648] NIS Cooperation Group, *supra* note 198.

風險聯合評估報告（EU Coordinated Risk Assessment of the Cybersecurity of 5G Networks Report）」分析網路攻擊者之類型與網路安全之風險。若 5G 系統受到破壞，將損害 5G 網路之完整性（Integrity）與可用性（Availability），而使得供應鏈發生斷鏈之危機。

辨識出供應鏈之風險後，再找出預防減輕措施（Risk-mitigated Approach），例如「歐盟電信框架（EU Telecommunications Framework）」、「網路與資訊系統安全指令（Directive on Security of Network and Information System）」、「網路安全法（Cybersecurity Act）」、「外商直接投資審查規則（Foreign Direct Investment Screening Regulation）」

文件指出，國家透過第三方對 5G 供應鏈進行干預之風險極高，但針對此風險之減緩措施也將非常有效。[649]風險減緩措施包括：對於供應商認證的要求、管理與訪問控制，並避免過度依賴單一 5G 網路供應商而產生風險。[650]本文件提供一系列之風險減緩措施，並非執行其一即足，而是應進行多面向處理，並依據不同情形選用適當之措施，此種依據風險類型採取有效的相應措施，即「基於風險之方法（Risk-based Approach）」，才能對症下藥，全面性的解決風險危害。其範

649 David W. Opderbeck, *supra* note 377, at 189.

650 *Id.*

圍包括網路設計（Design）、部屬（Deployment）、運作（Operation）之安全性，並以促進 5G 設備「多元（Diverse）、競爭（Competitive）、永續（Sustainable）」為目標。

此文件最值得注意的是其提供的為減緩風險措施工具箱，工具箱中蘊含許多工具，正是基於風險之規範之最好的展現。不僅確立了不同情形下的各種風險類型，更提供相對應之減緩措施，完全符合前述章節所整理之結果。該文件更認為，沒有一種單一的措施是足夠的，為了有效應對風險並加強 5G 網路的安全性與韌性，以適當的組合使用一系列措施是解決所有風險所必需的。[651]文件中更提出工具箱之使用方法[652]，需先依據風險評估對風險進行優先排序，再審查現有的減緩措施在解決風險評估中的有效性，並找出差距。其後研究相應的建議措施與減緩計畫，考慮潛在實施因素並選擇最有效的措施。最終實施全部或部分措施，即也隱含應多管齊下，採用綜合的方法為之之意。

---

651 NIS Cooperation Group, *supra* note 198, at 5 &18.

652 *Id.* at 17.

二、5G 資訊安全建議書（Commission Recommendation of Cybersecurity of 5G networks）

為了維護歐盟數位關鍵基礎設施之安全性與避免潛在之風險，歐盟認為應建立一致之 5G 資訊安全維護措施，2019 年 3 月，歐盟通過「5G 資訊安全建議書」，建議成員國完成國家風險評估並審查國家措施。而歐盟層面則共同努力進行合作的風險評估，並提供可能的緩解措施工具箱。[653]其點出資訊安全潛在之風險可能來自於供應鏈之風險、資訊安全漏洞之風險、設施遭違法存取與控制之風險及因法律與政治因素受第三國支配之風險。[654]

建議書提出關於處理 5G 供應鏈與資訊安全風險之目標應包含加強網路設計、部署和營運的安全性；提高產品和服務的安全基準；最大限度地減少因個別供應商的風險狀況所產生之風險；避免或限制對 5G 網路中任何單一供應商的主要依賴；促進 5G 設備市場之多元性、競爭性與可持續性發展。[655]

---

[653] EU Commission, Commission Recommendation（EU）2019/534 of 26 March 2019 Cybersecurity of 5G networks, Official Journal of the European Union, 3（2019）.

[654] European Commission（03/26/2019）, “European Commission recommends common EU approach to the security of 5G networks”, available at: https://digital-strategy.ec.europa.eu/en/news/european-commission-recommends-common-eu-approach-security-5g-networks, last visited 1/11/2023.

[655] EU Commission, *supra* note 653, at 5.

三、晶片法案[656]（Chips Act）

催生晶片法案的原因為疫情發生之初之晶片短缺的供應挑戰。再加上伴隨中美貿易戰而來的出口禁令導致中國公司囤積晶片。供應鏈中斷讓全球開始關注身為經濟命脈的晶片。[657]歐盟執行委員會便提出，希望藉以對抗晶片短缺與強化歐洲技術領導角色。其將與成員國及國際合作夥伴一起投入超過 430 億歐元之投資，並制定相關的措施來預防、準備、預測和迅速應對任何未來的供應鏈中斷。[658]

該法案旨在提高歐洲半導體生態系之韌性與全球市佔率，並促使歐洲產業盡早採用新晶片與增加其競爭力。[659]其目標為確保歐盟能在半導體領域之技術與應用之供應安全、供應韌性和技術領先之地位。[660]法案的三大支柱為歐洲晶片倡議、供應安全、半導體監測與危機之因應。[661]

此法案內容亦運用許多風險減緩措施，如與志同道合的夥

656 European Chips Act, available at: https://digital-strategy.ec.europa.eu/en/policies/european-chips-act, last visited 1/11/2023.

657 EU Commission, Communication from the Commission to the European Parliament, the Council, the European Economic and Social Committee and the Committee of the Regions: A Chips Act for Europe, 5（2022）.

658 *Id.*

659 陳楷勛（2022），〈簡介歐洲晶片法案計畫〉，《經貿法訊》，第 297 期，第 6 頁。

660 同前註，第 6 頁。

661 同前註，第 8、9 頁。

伴建立強而有力的國際夥伴關係，透過合作以進行半導體供應鏈之監測[662]、定期進行風險評估以評估是否需要啟動危機階段[663]、供應鏈中的特定部分應避免在地理位置上過度集中與減少依賴、投資與提升競爭力與生產力。[664]

除了美國、中國與歐盟之外，日本、澳洲與印度也共同提出之「供應鏈韌性倡議（Supply Chain Resilience Initiative，SCRI）」。期望透過國際間之合作提高供應鏈韌性。另外，2019 年由全球 5G 安全會議提出之「布拉格提案」也主張建構與管理 5G 基礎建設時，應考量供應鏈之安全、隱私與韌性。並於會議中制定國際 5G 安全原則。[665]

肆、分析與探討

於理解美國、中國與歐盟關於 5G、資訊安全與供應鏈韌性之政策與法律後，可知美國和歐洲重新劃分全球供應鏈致力於消除對單一供應商的依賴，這種依賴對於供應鏈韌性具強大的破壞性。但歐美的新政策似乎亦不應創造新的貿易壁壘，以免引發惡性循環。[666]此外，可以發現美國與歐盟皆偏向與志

---

[662] EU Commission, *supra* note 657, at 21.

[663] *Id.* at 20.

[664] *Id.* at 21.

[665] The Wight House, *supra* note 585, at 6.

[666] The Washington Post（11/12/2022）, “U.S.-China rivalry risks splintering

同道合的盟友合作，而與極力削弱對中國、東亞之依賴。且各國用字具有差異，歐盟晶片法之用字即較為緩和，著重於實際的方法。可能因為歐盟成員國眾多，各國的安全利益本來就存在衝突，故文件中不會帶有強硬的色彩，而是希望透過實際的整合方法達到歐盟整體最好的目標。然而，反觀美國之所有文件，用字則相當針對他國，似乎只能由其作為各領域之領導者方為適切。

以下表 2 是針對美國、中國與歐盟之國家政策法律與提升供應鏈韌性步驟和方法之對應表格。於下方表格中，若美國、中國與歐盟之政策與法律具備本書第二章關於提升供應鏈韌性之步驟與方法之要點相符者，以標記「V」為代表，藉此判斷這些政策是否有提升供應鏈韌性之效果。本書將下方表格以深淺不一之顏色做為區別，顏色從淺至深分別為：中國、美國川普政府、美國拜登政府、歐盟。期望讀者可以透過鳥瞰表格之方式了解各國及不同政權間之政策方向與變化。

鳥瞰表格可以發現個別國家的政策法律當中，整體觀之，6 項都重疊的只有歐盟達成，美國則是從川普政府到拜登政府有漸多之現象，中國則是專注於提升自己競爭力[667]。由此可

global economy, IMF chief warns", available at: https://www.washingtonpost.com/business/2022/11/12/us-china-rivalry-risks-splintering-global-economy-imf-chief-warns/, last visited 1/11/2023.

[667] 據報導，中國社會科學院中國產業與企業競爭力中心與社會科學文獻出版社已於 2023 年 2 月共同發佈《產業藍皮書：中國產業競爭力報告（2022~2023）No.11—提升產業鏈供應鏈韌性和安全水平》。惟因目前筆

以發現美國歷經兩任總統，其不同政權間對於政策與法律制定之方向略有不同。而美國、中國與歐盟之政策與法律亦呈現光譜性質，從符合最少提升供應鏈韌性之步驟與方法要點至符合最多者，依序為中國、美國川普政府、美國拜登政府、歐盟。換言之，在「提升供應鏈韌性」的方面，歐盟做的最全面。本書期望透過美國、中國與歐盟之政策，有助於我國理解可能面臨之風險，藉此反思應如何因應。

表 2　國家政策法律與提升供應鏈韌性之比較表

國家	措施名稱	供應鏈風險評估	基於風險的規範	風險最小化方法	監控供應鏈情形	供應來源多元化	提升競爭力
美國	乾淨網路（2017 年起）						
	外國投資風險審查現代化法案（2018 年）	V					
	出口管制改革法案（2018 年）						
	國家網路戰略（2018 年）	V			V		V
	保障 5G 的國家戰略（2020 年）	V				V	V

者尚未能查詢完整之資訊故未將其納入本書之討論，但可以知道的是，雖然比起歐美國家略晚了一些時間，然中國亦了解到供應鏈韌性之重要性。

	100 日調查報告（2021 年）	V			V	V	V
	晶片及科學法案（2022 年）	V				V	V
中國	外商投資法						
	一帶一路（2013 年起）						
	中國製造 2025（2015 年起）						V
	中國 5G 願景白皮書						V
歐盟	5G網路資通安全減緩風險措施工具箱（2021 年）	V	V	V	V	V	
	5G資訊安全建議書（2019 年）	V	V	V	V	V	
	晶片法案（2022 年）	V			V	V	V

（此表由本研究製作）

全球供應鏈中，各國相互間之關係複雜且深厚，而此特性其實就是風險之主要來源。基於專業分工與機會成本之考量下，若要將全球供應鏈劃分為中方與西方之雙元供應鏈實屬不易，打造單一國家之專屬供應鏈也近乎不可能，欲重組供應鏈亦並非一蹴可幾，更可能破壞現有之平衡與穩定，進而影響供應鏈之韌性，為全球帶來反效果。故實應如歐盟之政策與法律一般，聚焦於提升供應鏈之韌性將較為妥適。

第五章　我國法制探討與建議：代結論

了解應如何減緩供應鏈風險以提升供應鏈韌性之方法後，透過美國、中國與歐盟之政策，有助於我國理解可能面臨之風險，藉此反思應如何因應，亦可以為我國找到適當之角色與定位。

壹、我國的因應對策與反思

美國、歐盟等國對於全球現象往往較快反應並提出對策，值得我國參考。以下本書將綜觀我國針對智慧財產、資訊安全、貿易、甚至是國家安全之相關規範並配合本書之〈提升5G供應鏈韌性之步驟與方法整理表〉了解我國目前於5G領域之現況。

一、智慧財產方面

我國針對智慧財產權保護之方面有《營業秘密法》，輔以《國家安全法》、《台灣地區與大陸地區人民關係條例》。

《營業秘密法》中，第13條之2規範意圖在外國、大陸地區、香港或澳門使用相關營業秘密之情形。而面對我國高科技人才屢遭中國之挖腳，調查局呼籲企業可以朝結構、物理、數位、文化，四層面擬定保護營業秘密計畫。[668]

《國家安全法》第 2 條及第 3 條則規範國人不得為外國、大陸地區、香港、澳門、境外敵對勢力或其所設立或實質控制之各類組織、機構、團體或其派遣之人所為之行為。其中，我國於 2022 年三讀通過修正案，新增了「國家核心關鍵技術」為《國家安全法》之保護客體，而欲將半導體技術列為其規範範圍所及之技術。[669]修正後似乎將更有威嚇力。而《國家安全法》第 4 條提及國家安全之維護，應及於我國領域內網際空間及其實體空間。由此可見我國已愈漸重視網路虛擬空間之國家安全。

將《台灣地區與大陸地區人民關係條例》與《國家安全法》配合觀之，近期之修法有意預防高科技人才遭挖角。新增之「國家核心關鍵技術」將使得涉及此類技術之人未來於進出大陸地區時，將會受到限制而須進行申報許可後始得為之。而《台灣地區與大陸地區人民關係條例》第 40 條之 1、第 93 條

---

668 《自由時報》（03/11/2021），中資滲透挖角半導體人才引國安疑慮 吳政忠：跨部會研議處理，https://news.ltn.com.tw/news/politics/breakingnews/346357 9，最後瀏覽日：2023 年 1 月 11 日。

669 《聯合報》（09/27/2022），半導體列核心關鍵技術 納入國安法界定。https://udn.com/news/story/7240/6642451，最後瀏覽日：2023 年 1 月 11 日。

之 1 及第 93 條之 2 亦進行修正，明定中國大陸營利事業於第三地區投資之營利事業，非經主管機關許可，並在臺設立分公司或辦事處，不得在臺從事業務活動，違反者之刑期亦提高至可處 3 年以下有期徒刑。陸委會表明這些修正源於近年來因中國大陸企圖頻繁竊取我國產業技術，為了防範我國產業及技術不當外流以維護臺灣整體經濟及產業之優勢，並避免危及國家安全及利益，而需要以整體國家安全的角度，對產業技術進行保護。[670]

然我國關於智慧財產方面之規範，似乎僅及於有關洩密與使用關鍵技術之後端管理。若配合本書之〈提升 5G 供應鏈韌性之步驟與方法整理表〉觀之，能夠降低 5G 供應鏈風險、提升 5G 供應鏈韌性之方法應係由國家定期進行供應鏈風險評估，輔以供應鏈情形之監控。若於風險評估之過程中識別出風險較高之企業或製程，則必須著重於供應來源多元化，將斷鏈之風險降到最低。隨時監控供應鏈情形，便能掌握各國、各企業之智慧財產布局，以利我國在正確之方向提升自我競爭力。

---

[670] 陸委會新聞稿編號第 001 號（2022）。筆者認為，雖然《台灣地區與大陸地區人民關係條例》有其正當緣由，亦是國家最直接之保護作法，然應如何在國家經濟與國家安全間取得平衡，在不扼殺經濟自由的同時保護國家安全是國家應時時關注的議題。

二、資訊安全方面

5G 不僅是全球趨勢，也是政府「六大核心戰略產業」中「結合 5G 帶動數位轉型」的施政重點。[671]而在全球加快 5G 商用化腳步的同時，便是我國需緊抓之關鍵時機。政府應把握 5G 發展之新契機，協助培育相關人才，以持續擴大臺灣核心供應鏈地位，以便切入國際市場成為各國可信賴的最佳貿易夥伴。[672]

2020 年經濟部「5G 資訊安全防護系統開發計畫」，表明強化我國自主資訊安全防禦能量，落實「資安即國安」之政策目標。開發計畫點出政策發展 5 個目標即 5G 安全所面臨之國際市場資訊安全合法性要求；網路功能軟體化衍生之資訊安全威脅；通訊設備之供應鏈透明度不足；自有品牌市場機會浮現；隱私與個資保護需求與日俱增。[673]更指出國際上對於資訊安全之要求日趨嚴格，故 5G 網路通訊設備將被要求更高規格之資訊安全標準，才得以具備進入國際 5G 市場之資格。[674]但整篇文件並無針對供應鏈韌性之政策規劃及具體明確之資訊安全標準與資訊安全風險減緩措施。[675]

---

[671] 行政院（2021），同註 112。

[672] 同前註。

[673] 經濟部（2020），前瞻基礎建設計畫──數位建設：5G 資訊安全防護系統開發計畫，第 1-1 頁。

[674] 同前註，第 2-5 頁。

[675] 行政院數位部已於 2023 年 3 月下旬將資通安全管理法草擬版本送至相關單

近期我國發生健保署濫查國人健保資料並洩密個人資料之情形，顯見我國政府機關對於資訊安全的內部控制機制發生問題，而從個人資料洩密的特定群體亦可看出此事件背後隱含嚴峻之國家安全問題。此一案件確實顯示了「資安即國安」，惟事實證明此僅為政策口號而未真正落實。長期建立並使用的健保資料庫之資訊安全機制都無法確實落實，更遑論與 5G 相關之更複雜之系統與資料庫。

雖有鑑於網路攻擊事件層出不窮，資訊安全風險日益增高，經濟部智慧財產局於 111 年重新編製「營業秘密保護實務教戰手冊 3.0」。[676]此新版本的出爐象徵企業應著力於外部資訊安全防護力之提升，展現出資訊安全與營業秘密，即智慧財產權一環，相輔相成之關係。然在 5G 資訊安全方面，我國似無提出具體措施。若配合本書之〈提升 5G 供應鏈韌性之步驟與方法整理表〉觀之，能夠降低 5G 供應鏈風險、提升 5G 供應鏈韌性之方法應係定期進行供應鏈風險評估，識別出可能的風險後制定基於風險之規範，以期將風險最小化。而資訊系統之軟硬體設施供應來源亦應多元化，以便降低單一供應來源發生資訊安全風險之危害程度。此外，更需監控供應鏈情形，以便在風險發生時可與市場參與者流通消息，互通有無。

位，屆時可以關注其內容是否包含具體明確之資訊安全標準與資訊安全風險減緩措施。

676 經濟部智慧財產局（2022），營業秘密保護實務教戰手冊 3.0。

國家安全，其實就是一種國家保護主義的展現。而 5G 供應鏈韌性之所以重要，是因為近年來，5G 的問題不僅是通訊科技的進步與日常生活的便利，其更是牽涉許多政治因素。回顧美國眾議院議長裴洛西訪台時，我國即遭遇許多資訊安全的攻擊。諸如台灣大學學校網站、便利商店電視牆、台鐵及政府網站都遭遇駭客攻擊。這些網路與系統皆與民生息息相關，若是更惡意的攻擊，將不知會帶來多少破壞。

三、貿易方面

與貿易相關之法律可能包含《大陸地區人民來台投資辦法》、《外國人投資條例》、《貨品輸出管理辦法》、《台灣地區與大陸地區人民關係條例》。然我國似乎缺乏一個總則性的法案，針對外國貿易政策之因應，亦無相關規範以達成提升 5G 供應鏈韌性為目標。相較於外國政策與法制多管齊下的控制風險，我國於法律制度上略顯薄弱。此外，以「台美 21 世紀貿易倡議」為例，我國政府似乎往往會忽略風險評估與經濟影響評估，以至於我國人民無法了解此政策會帶來何種衝擊或影響。

因此本書認為，若配合本書之〈提升 5G 供應鏈韌性之步驟與方法整理表〉觀之，我國應設置專責機構，針對供應鏈之議題提出國際性、統一性的安全評估方法，相關之智慧財產權管理與授權的方法亦是必須的。現今可能影響供應鏈韌性之風險極多，故相關貿易政策與法規應未雨綢繆，替我國產業與企業提供配套措施以維護供應鏈之韌性。

貳、我國的機會與挑戰

不了解現狀，便無法知悉風險何在，更無法控制風險或想出減緩風險之應對方針。透過上述對於外國法律與政策之了解與分析，便可轉換角度以我國出發，探討他國政策對我國之影響，並思考應如何應對以未雨綢繆。

我國於全球供應鏈中，多是扮演代工之角色。故本書認為我國最重要的目標就是預防與保護，應採取化被動為主動，讓各國在供應鏈重新定位時，信賴並選擇我國為合作夥伴。因此，我國政府應該要扮演整合國內供應鏈，促進合作以提高供應鏈韌性之角色。我國政府應預先了解各種風險對我國之影響、思考政府角色定位並完善、有效之部署現有之機構與資源。例如，可以由政府指定專責機構進行全球供應鏈風險管理，並提供相關自動監控系統。

然我國似乎缺乏一個一致性的、整體性的風險管理方法或控制風險的法規，故我國應針對 5G 供應鏈中之風險制定供應鏈風險管理國家戰略。可由國家主導我國供應商間之合作、建立資訊共享平台以提升供應鏈透明度。智慧財產與資訊安全的風險將會變成常態，故公共安全需要從政策、法律及企業營運方針著手進行改革以因應。

近期，當全球供應鏈從長鏈趨向短鏈時，將對供應鏈中的隱形冠軍帶來隱憂，然而我國多數產業便是隱形冠軍之角色。為求保護國家安全，必須將關鍵技術留在我國境內。又因近期俄烏戰爭而凸顯台海局勢的緊張，進而導致供應鏈有「去台化」之現象產生，更有晶片聯盟之出現，故應如何向各國廠商展現出我國供應鏈之韌性則極具急迫性。

經濟部「鞏固全球半導體產業韌性——臺灣競爭優勢與策略[677]」提及我國之優勢在於在專業分工之下，具有上中下游之完整產業聚落及領先全球之先進製程技術。由於我國有完整之產業聚落，故生產成本較低。當歐中美各國都各自打造自己的本土供應鏈，極欲相互脫鉤時，我國則應該加強全球化，增加國內外投資；企業則應積極合作，盡力打入各國供應鏈，並於各地設有據點，以持續維持並善用優勢，目標是讓各國之供應鏈與市場都需要台灣，穩固我國於半導體產業之重要地位。[678]且當各產業皆需要晶片，5G 產業之發展更是高度仰賴晶片之同時，我國必須把握機會。

近期《產業創新條例》中新增第十條之二之修正草案。經

---

[677] 行政院（08/18/2022），鞏固全球半導體產業韌性 — 臺灣競爭優勢與策略。https://www.ey.gov.tw/Page/448DE008087A1971/23253ede-0f97-489d-b4d9-455882732c13，最後瀏覽日：2023 年 1 月 11 日。

[678] 劉佩真（2021），〈從全球晶片荒看臺灣半導體產業的戰略地位〉，《兩岸經貿》，第 356 期，第 4-7 頁。

濟部新聞稿[679]指出，再接連之全球重大事件侵擾供應鏈之下，各國為了實現關鍵產業自主化，紛紛就其關鍵產業祭出鉅額補貼及擴大租稅優惠，因此，經濟部亦擬提具「產業創新條例」第 10 條之 2、第 72 條修正草案，擴大租稅優惠。經濟部的立法理由稱「需要鞏固並提升我國關鍵產業在國際供應鏈之地位」[680]但目前我國之半導體產業似乎於全球已獨占鰲頭，是否還需要加碼過去為了「促進產業創新，改善產業環境，提升產業競爭力[681]」而設之租稅優惠尚有疑義。[682]

對此，支持與持懷疑態度之看法都有，是否可以直接認為該條文即為台版晶片法也有疑義。但綜觀第四章之美國、歐盟之政策文件，外國單獨針對晶片就策畫出一個法案，法案中多管齊下以維護供應鏈韌性，惟我國僅為單獨一個法條，是否足夠並有效達成目的仍有待觀察。由於我國在供應鏈中之角色與他國不盡然完全相同，加上我國為晶片代工與出口導向國家，

679 經濟部（10/17/2022），行政院院會通過「產業創新條例」第 10 條之 2、第 72 條修正草案。https://www.ey.gov.tw/File/9E2EC1398AD01E2C?A=C，最後瀏覽日：2023 年 1 月 11 日。

680 經濟部，產業創新條例第十條之二、第七十二條修正草案總說明，https://www.ey.gov.tw/File/FF92E68A1AFFD606?A=C，最後瀏覽日：2023 年 1 月 11 日。

681 產業創新條例第 1 條，產業創新條例之立法目的，https://law.moj.gov.tw/LawClass/LawSingle.aspx?pcode=J0040051&flno=1，最後瀏覽日：2023 年 1 月 11 日。

682 工商時報（12/06/2022），產業減稅成癮怎可再加深──「台版晶片法案」應三思。https://view.ctee.com.tw/tax/46966.html，最後瀏覽日：2023 年 1 月 11 日。

即是外國法案所針對的對象之一，雖外國法案之方法並非完全可以由我國直接採用，然我國不該也不可能僅以一個條文就能應對外國整體法案之措施。若我國政府能提出大格局的具體配套措施，而非老調重彈的在既有的租稅優惠上加碼，將能更從容的應對外國法案之威脅。

回顧本書的研究結果包含整理回顧「提升 5G 供應鏈韌性之步驟與方法整理表」、「中美貿易戰」，並探討中美貿易戰中是否隱含「智慧財產風險」與「資訊安全風險」，接著討論「智慧財產、資訊安全與貿易之互動關係」。藉由前述背景之建立，進而整理與分析「美國、中國與歐盟關於 5G 科技及貿易之法律與政策」並與「提升 5G 供應鏈韌性之步驟與方法整理表」進行比較以呈現各國法律與政策方向。希望透過國內外文獻之蒐集回顧與分析探討、法律與政策之整理與分析比較，了解其他國家對於提升 5G 供應鏈韌性之看法與採取之措施，提供我國政府參考，期許我國能找尋最佳之定位並建置更完善之制度規範。

我國身為供應鏈中之一環，在中美對抗與歐洲國家即時反應之情況下，我國應如何因應，便是重要課題。當美國之政策仍然打著「美國優先」之旗幟時，對我國而言未必都是優勢，而可能存有不少挑戰。在歐洲強調提升供應鏈韌性的同時，我國亦必須了解其所注重的核心價值，使歐洲國家相信未來繼續與我國合作不會影響其重視的核心價值——供應鏈韌性。當各國都重視供應鏈多元化的同時，我國亦應檢視現況。現今地緣政治因素讓我國在各國之間加深合作，但值得注意的是，我國於國際社會中亦不應過度依賴單一國家。

我國雖然因為中美貿易戰後供應鏈的重組中獲利，但供應鏈終將歸於最符合機會成本與經濟效益之狀態，當各國都在摩拳擦掌準備應對未來的挑戰時，我們不能像是誤入糖果屋的小孩，只專注在眼前的糖果，而全然不知自己正身陷危險之中。

我國與歐盟同樣非為中美貿易戰之當事國，故當歐盟國家已經感受到中美貿易戰對於 5G 供應鏈之衝擊而做出反應時，我國更不應該坐以待斃。由於提前的部署因應是必要的，唯有透過了解風險之存在以及他國如何應對風險以提升供應鏈韌性，才能讓我國借鏡並參考。讓我國做出適當之政策規劃、投資於適合的防禦措施，使我國藉此機會與國際標準調和，打進國際的 5G 供應鏈中。了解並控制智慧財產與資訊安全風險，進而維護供應鏈之安全與韌性，不僅有益於國家安全，也有利於國家經濟。

各種國際情勢其實都在促進著改變。地球村中的供應鏈、貿易、經濟、國家安全都是相互緊扣、緊密結合的，故必須透過合作以達和平共榮，而無法透過單一國家的行動來完成。因此，5G 的未來會需要各國合作、安全的基礎設施、統一的標準與具韌性的供應鏈。全球都應該要具有相同之共識，即贏得科技戰爭的唯一方法就是團結合作。然而目前的供應鏈常常受到巨大風險所帶來的波動，標準制定的統一上也有紛爭，基礎設施更是因為涉及中國製造商而存有資訊安全風險，此時唯有各國真誠合作，才能排除上述障礙，共同打造 5G 的美好未來。

參考文獻

一、中文文獻

（一）中文期刊、專書論文

1. 王立達，〈從專利制度之結構特性，看中國擁有 5G 行動通訊標準必要專利是否影響國家安全〉，《制度觀點下的專利法與國際智慧財產權》，2022 年。
2. 陳楷勛，〈簡介歐洲晶片法案計畫〉，《經貿法訊》，第 297 期，2022 年。
3. 李昆鴻，〈由專利成長率觀點探討美國專利申請趨勢與技術發展潛力預測〉，《專利師》，第 46 期，2021 年。
4. 孚創雲端，〈區域觀點：中國的 5G 標準必要專利布局與實力〉，《北美智權報》，第 296 期，2021 年。
5. 張遠博，〈5G 標準必要專利動態觀察〉，《產業雜誌》，第 619 期，2021 年。
6. 顧瑩華，〈韌性供應鏈下臺灣 5G 產業的發展策略〉，《經濟前瞻》，第 198 期，第 36~41 頁，2021 年。
7. 劉佩真，〈從全球晶片荒看臺灣半導體產業的戰略地位〉，《兩岸經貿》，第 356 期，第 4~7 頁，2021 年。

8. 許祐寧，〈美國防堵華為策略之法治研析〉，《科技法律透析》，第 32 卷第 8 期，第 47~72 頁，2020 年。
9. 莊弘鈺、鍾京洲、劉尚志，〈標準必要專利 FRAND 權利金計算——兼論智慧財產法院 105 年度民專上字第 24 號判決〉，《交大法學評論》，第 5 期，第 19 頁，2019 年。
10. 楊智傑，〈2018 年英國 Unwired Planet v. Huawei 案（三）：標準必要專利合理權利金的計算方法？〉，《北美智權報》，第 239 期，2019 年。
11. 朱翊瑄，〈Unwired Planet v. Huawei-英國的華為標準必要專利國際授權之爭議〉，《科技法律透析》，第 31 卷第 9 期，第 25~32 頁，2019 年。
12. 沈宗倫，〈標準必要專利之法定授權與專利權濫用——以誠實信用原則為中心〉，《政大法學評論》，149 期，2017 年。

（二）中文政府文件

1. 經濟部智慧財產局，營業秘密保護實務教戰手冊 3.0，2022 年。
2. 經濟部智慧財產局，禁訴令制度對標準必要專利訴訟之衝擊及其因應作為，2022 年。
3. 行政院，發展 5G 加值應用服務——擴大臺灣核心供應鏈地位，2021 年。
4. 經濟部，前瞻基礎建設計畫——數位建設：5G 資訊安全防護系統開發計畫，2020 年。
5. 中華人民共和國商務部，商務部令 2020 年第 4 號不可靠實體清單規定，2020 年。
6. 中國信息通信研究院，5G 願景與需求，2014 年。

（三）中文網頁資料

1. May，〈歐盟向 WTO 狀告中國法院禁訴令、專利授權費管轄權〉，科技產資訊室，2022 年 3 月 4 日，https://iknow.stpi.narl.org.tw/post/Read.aspx?PostID=18864（最後瀏覽日：2023 年 4 月 30 日）。
2. 唐子晴，〈TikTok 海外拼圖要湊齊了？花 10 億美元收購後，Musical.ly 徹底被合體〉，數位時代，2018 年 8 月 3 日，https://www.bnext.com.tw/article/50105/musical-ly-is-m erging-with-tik-toks-short-video-platform（最後瀏覽日：2023 年 1 月 11 日）。
3. 賴明豐，〈全球 LTE 標準必要專利佈局（三）美歐中韓日廠商佈局 4G-LTE 標準必要專利〉，科技產資訊室，2014 年 12 月 29 日，https://iknow.stpi.narl.org.tw/Post/Read.aspx?PostID=10500（最後瀏覽日：2023 年 1 月 11 日）。
4. 朱子亮，〈從參與標準組織到授權談判,討論『我國廠商面對專利訴訟之突圍策略』〉，科技產資訊室，2014 年 11 月 21 日，https://iknow.stpi.narl.org.tw/Post/Read.aspx?PostID=10353（最後瀏覽日：2023 年 1 月 11 日）。

5. 朱子亮、賴明豐，〈「通訊產業專利趨勢與專利訴訟分析菁英論壇」有關 4G-LTE 專利佈局及 5G 初探〉，科技產資訊室，2014 年 11 月 20 日，https://iknow.stpi.narl.org.tw/Post/Read.aspx?PostID=10348（最後瀏覽日：2023 年 1 月 11 日）。
6. DigiCert，〈病毒、蠕蟲與特洛伊木馬程式的不同〉，https://www.websecurity.digicert.com/zh/tw/security-topics/difference-between-virus-worm-and-trojan-horse（最後瀏覽日：2023 年 1 月 11 日）。

（四）中文網路新聞

1. 工商時報，產業減稅成癮怎可再加深──「台版晶片法案」應三思，2022 年 12 月 6 日，https://view.ctee.com.tw/tax/46966.html（最後瀏覽日：2023 年 1 月 11 日）。
2. 經濟部，行政院院會通過「產業創新條例」第 10 條之 2、第 72 條修正草案，2022 年 10 月 17 日，https://www.ey.gov.tw/File/9E2EC1398AD01E2C?A=C（最後瀏覽日：2023 年 1 月 11 日）。
3. 經濟日報，拜登的半導體禁令，在陸企任職的美國高管左右為難，2022 年 10 月 16 日，https://money.udn.com/money/story/5599/6691397（最後瀏覽日：2023 年 1 月 11 日）。

4. 行政院，鞏固全球半導體產業韌性——臺灣競爭優勢與策略，2022 年 8 月 18 日，https://www.ey.gov.tw/Page/448DE008087A1971/23253ede-0f97-489d-b4d9-455882732c13（最後瀏覽日：2023 年 1 月 11 日）。
5. 聯合報，半導體列核心關鍵技術納入國安法界定，2022 年 9 月 27 日，https://udn.com/news/story/7240/6642451（最後瀏覽日：2023 年 1 月 11 日）。
6. 經濟日報，中國聯通被列美安全風險清單，北京不滿，2022 年 9 月 21 日，https://money.udn.com/money/story/12926/6630379?from=edn_previous_story（最後瀏覽日：2023 年 1 月 11 日）。
7. BBC，華為任正非稱全球經濟 3 至 5 年不會好轉，「寒氣傳遞給每一個人」，2022 年 8 月 27 日，https://www.bbc.com/zhongwen/trad/business-62686567（最後瀏覽日：2023 年 1 月 11 日）。
8. BBC，中國留學生：500 多理工生赴美簽證被拒，美方稱只影響「極少數人」，2021 年 7 月 8 日，https://www.bbc.com/zhongwen/trad/world-57758480（最後瀏覽日：2023 年 1 月 11 日）。
9. 自由時報，中資滲透挖角半導體人才引國安疑慮 吳政忠：跨部會研議處理，2021 年 3 月 11 日，https://news.ltn.com.tw/news/politics/breakingnews/3463579（最後瀏覽日：2023 年 1 月 11 日）。

10. BBC，非洲聯盟總部驚爆中國網絡竊取資料疑雲，2018 年 1 月 29 日 https://www.bbc.com/zhongwen/trad/world-42867642（最後瀏覽日：2023 年 1 月 11 日）。

二、英文文獻

（一）英文期刊、專書論文

1. Alexandre Dolgui & Dmitry Ivanov, 5G in digital supply chain and operations management: fostering flexibility, end-to-end connectivity and real-time visibility through internet-of-everything, International Journal of Production Research, 60:2, 442-451（2022）.
2. David J. Kappos, Comparing the strength of SEP patents portfolios: Leadership intelligence for the intelligence community, Journal of National Security Law & Policy, 12, 193（2022）.
3. F. Benguria, J. Choi & D.L. Swenson, et al., Anxiety or pain? The impact of tariffs and uncertainty on Chinese firms in the trade war, Journal of International Economics（2022）.

https://doi.org/10.1016/j.jinteco.2022.103608

4. Guiseppe Colangelo and Valerio Torti, Anti-suit injunctions and Geopolitical in Transnational SEPs Litigation, Forthcoming in European Journal of Legal Studies, at 10（2022）.
5. Jonathan Stroud & Levi Lall, Paper of record, Modernizing ownership disclosures for U.S. patent, West Virginia Law Review, 124, 449（2022）.
6. Yongai Jin, Shawn Dorius & Yu Xie, Americans' Attitudes toward the US—China Trade War, Journal of Contemporary China, 31:133, 17-37（2022）, https://doi.org/10.1080/10670564.2021.1926089
7. Haris Tsilikas, Anti-suit injunctions for standard-essential patents: the emerging gap in international patent enforcement, Journal of Intellectual Property Law & Practice, Volume 16, Issue 7, 729–737（2021）.
8. A. Yeboah-Ofori et al., Cyber Threat Predictive Analytics for Improving Cyber Supply Chain Security, IEEE Access, Volume 9（2021）.
9. Bowman Heiden, Jorge Padilla & Ruud Peters, The value of standard essential patents and the level of licensing, AIPLA Quarterly Journal, 49, 1（2021）.
10. Chien-Huei Wu, Export Restrictions in the Global Supply Chain, Investment and Competition, Cambridge University

Press（2021）.

11. David W. Opderbeck, Huawei, internet governance, and IEEPA reform, Ohio Northern University Law Review, 47, 165（2021）.
12. David A. Gantz, North America's shifting supply chains: USMCA, Covid-19, and the U.S.-China trade war, International Lawyer, 54, 121（2021）.
13. Fajgelbaum PD & Khandelwal AK, The Economic Impacts of the Trade War, Annu. Rev. Econ. 3: Submitted（2021）.
14. James M. Cooper, Games without frontiers: The increasing importance of intellectual property rights in the People's Republic of China, Wake Forest Journal of Business and Intellectual Property Law, 22, 43（2021）.
15. John Jay Jurata, Jr. & Emily N. Luken, Glory days: Do the anticompetitive risks of standards-essential patent pools outweigh their procompetitive benefits, San Diego Law Review, 58, 417（2021）.
16. Kenny Mok, In Defense of 5G: National Security and Patent Rights Under the Public Interest Factors, The University of Chicago Law Review, Vol. 88, No. 8, pp. 1971-2012（2021）.
17. Kimberly A. Houser & Anjanette H. Raymond, It is time to move beyond the 'AI race' narrative: Why investment and international cooperation must win the day, Northwestern

Journal of Technology & Intellectual Property, 18, 129 (2021).

18. Yuhan Zhang Mellinger, Tiktokers caught in the crossfire of the U.S.-China technology war: Analyzing the history & implications of Chinese technology bans on U.S. domestic expression and access to communications, Wake Forest Journal of Law and Policy, 11, 689 (2021).
19. Kirsten S. Lowell, The new "arms" race: How the U.S. and China are using government authorities in the race to control 5G wearable technology, George Mason International Law Journal, 12, 75 (2021).
20. Zachary E. Redman, Esq. & Bethany Rudd Sanchez, Esq., Government authority and wireless telecommunications facilities, Nevada Lawyer, 29, 12 (2021).
21. Ari K. Bental, Judge, jury, and executioner: Why private parties have standing to challenge an executive order that prohibits ICTs transactions with foreign adversaries, American University Law Review, 69, 1883 (2020).
22. Andy Purdy, Vladimir M. Yordanov & Yair Kler, Don't Trust Anyone, The ABCs of Building Resilient Telecommunications Networks, PRISM, Vol. 9, No. 1, pp. 114-129 (2020).
23. Anne Layne-Farrar & Richard J. Stark, License to all or access to all? A law and economics assessment of standard development

organizations' licensing rules, George Washington Law Review, 88, 1307（2020）.

24. Chi Hung Kwan, The China–US Trade War: Deep-Rooted Causes, Shifting Focus and Uncertain Prospects, Asian Economic Policy Review, 15, 55–72（2020）.
25. Daniel F. Spulber, Licensing standard essential patents with FRAND commitments: Preparing for 5G mobile telecommunications, Colorado Technology Law Journal, 18, 79（2020）.
26. Eric Stasik & David L. Cohen, Royalty rates and licensing strategies for essential patents on 5G telecommunication standards: What to expect, les Nouvelles, 55, 176,（2020）.
27. Heath P. Tarbert, Modernizing CFIUS, George Washington Law Review, 88, 1477（2020）.
28. J. Benton Heath, Trade and security among the ruins, Duke Journal of Comparative & International Law, 30, 223（2020）.
29. J. Russell Blakey, The Foreign Investment Risk Review Modernization Act; The double-edged sword of U.S. foreign investment regulations, Loyola of Los Angeles Law Review, 53, 981（2020）.
30. Jeanne Suchodolski, Suzanne Harrison & Bowman Heiden, Innovation warfare, North Carolina Journal of Law & Technology, 22, 175（2020）.

31. Ken Itakura, Evaluating the Impact of the US–China Trade War, Asian Economic Policy Review, 15, 77–93（2020）.

32. Olia Kanevskaia, Governance of ICT standardization: Due process in technocratic decision-making, North Carolina Journal of International Law, 45, 549（2020）.

33. Shujiro Urata, US–Japan Trade Frictions: The Past, the Present, and Implications for the US–China Trade War, Asian Economic Policy Review, 15, 141–159（2020）.

34. Troy Stangarone, Rather Than COVID-19, is the US-China Trade War the Real Threat to Global Supply Chains, East Asian Policy, 12:5-18（2020）.

35. Willy Shih, Is It Time to Rethink Globalized Supply Chains, Massachusetts Institute of Technology Sloan Management Review, #61413（2020）, available at：https://mitsmr.com/2UhGemT.

36. Andrew Thompson, The committee on foreign investment in the United States: An analysis of the Foreign Investment Risk Review Modernization Act of 2018, Journal of High Technology Law, 19, 361（2019）.

37. Jason Jacobs, Tiptoeing the line between national security and protectionism: A comparative approach to foreign direct investment screening in the United States and European Union, International Journal of Legal Information, 47, 105

（2019）.

38. Jonathan M. Barnett, Antitrust overreach: undoing cooperative standardization in the digital economy, Michigan Technology Law Review, 25, 163（2019）.
39. Jayden R. Barrington, CFIUS Reform: FEAR and FIRRMA, an inefficient and insufficient expansion of foreign direct investment oversight, Transactions: The Tennessee Journal of Business Law, 21, 77（2019）.
40. Mark A. Lemley and Timothy Simcoe, How Essential Are Standard-Essential Patents, 104 Cornell L. Rev. 607（2019）
41. Ruben Cano Perez, Non-discrimination under FRAND commitment: One size fits all, or does not fit at all, Les Nouvelles, 54, 257（2019）.
42. Timothy J. Pettit, Keely L. Croxton & Joseph Fiksel, The Evolution of Resilience in Supply Chain Management: A Retrospective on Ensuring Supply Chain Resilience, Journal of Business Logistics, 40（1）: 56–65（2019）.
43. William M. Lawrence & Matthew W. Barnes, 5G mobile broadband technology-America's legal strategy to facilitate its continuing global superiority of wireless technology, Intellectual Property & Technology Law Journal, 31 No. 5, 3（2019）.
44. Branislav Hazucha, International harmonization with

regulatory competition: A case of intellectual property law, Cover Governing Science and Technology under the International Economic Order Governing Science and Technology under the International Economic Order, 298–317（2018）

45. Yuhan Zhang, The US–China Trade War: A Political and Economic Analysis, Indian Journal of Asian Affairs, Vol. 31, No. 1/2, 53-74（2018）.
46. Eli Greenbaum, 5G, Standard-Setting, and National Security, Harvard Law School National Security Journal（2018）.
47. Eli Greenbaum, Nondiscrimination in 5G standards, Notre Dame Law Review Online, 94, 55（2018）.
48. João Pires Ribeiro, Ana Barbosa-Povoa, Supply Chain Resilience: Definitions and quantitative modelling approaches—A literature review, Computers & Industrial Engineering 115, 109–122（2018）.
49. M. Kamalahmadi & M.M. Parast, A review of the literature on the principles of enterprise and supply chain resilience: Major findings and directions for future research, International Journal of Production Economics, 171, 116–133（2016）.
50. Maureen Wallace, Mitigating cyber risk in IT supply chains, Global Business Law Review, 6, 1（2016）.

51. Benjamin R. Tukamuhabwa, Mark Stevenson, Jerry Busby & Marta Zorzini, Supply chain resilience: definition, review and theoretical foundations for further study, International Journal of Production Research, 53:18, 5592-5623（2015）.
52. Emma Brandon-Jones et.al, A contingent resource-based perspective of supply chain resilience and robustness, Journal of Supply Chain Management, Volume 50, Number 3, 55-73（2014）.
53. Branislav Hazucha, Technical barriers to trade in information and communication technologies, Chapter 15 in Research Handbook on the WTO and Technical Barriers to Trade, pp 525-565（2013）.
54. Timothy J. Pettit, Keely L. Croxton & Joseph Fiksel, Ensuring Supply Chain Resilience: Development and Implementation of an Assessment Tool, Journal of Business Logistics, 34（1）: 46–76（2013）.
55. Timothy J. Pettit, Keely L. Croxton & Joseph Fiksel, Ensuring Supply Chain Resilience: Development of A Conceptual Framework, Journal of Business Logistics, Vol. 31, No. 1（2010）.
56. Serhiy Y. Ponomarov & Mary C. Holcomb, Understanding the concept of supply chain resilience, The International Journal of Logistics Management Vol. 20 No. 1, pp. 124-143

（2009）

57. Martin Christopher, Building the Resilient Supply Chain, The International Journal of Logistics Management（2004）.

（二）英文政府文件

1. Department of Defense, Securing Defense-Critical Supply Chains（2022）.
2. EU Commission, Communication from the Commission to the European Parliament, the Council, the European Economic and Social Committee and the Committee of the Regions: A Chips Act for Europe（2022）.
3. USPTO, Patenting activity by companies developing 5G（2022）.
4. The White House, Building Resilient Supply Chains, Revitalizing American Manufacturing, and Fostering Broad-Based Growth, 100-Day Reviews underExecutive Order 14017（2021）.
5. USPTO, Draft Policy Statement on Licensing Negotiations and Remedies for Standards-Essential Patents Subject to F/RAND Commitments（2021）.
6. The Wight House, National Strategy to Secure 5G of the United States of America（2020）.

7. NIS Cooperation Group, Cybersecurity of 5G networks EU Toolbox of risk mitigating Measures（2020）.
8. USTR, United States-China phase one trade agreement（2020）
9. Department of Justice, Chinese Telecommunications Conglomerate Huawei and Subsidiaries Charged in Racketeering Conspiracy and Conspiracy to Steal Trade Secrets（2020）.
10. EU Commission, Commission Recommendation（EU）2019/534 of 26 March 2019 Cybersecurity of 5G networks, Official Journal of the European Union（2019）.
11. USPTO, U.S. Patent and Trademark Office releases policy statement on standards-essential patents subject to voluntary F/RAND commitments（2019）.
12. USTR, Report on China's Acts, Policies, and Practices Related to Technology Transfer, Intellectual Property, and Innovation（2018）.
13. The Wight House, National Cyber Strategy of the United States of America（2018）.
14. US Department of States, The Clean Network（2017）.

（三）國際組織報告、文章

1. Alexandra Bruer & Doug Brake, Mapping the International 5G Standards Landscape and How It Impacts U.S. Strategy and Policy., Information Technology & Innovation Foundation, ITIF（2021）.
2. WIPO, World Intellectual Property Indicators 2021（2021）.
3. ETSI, IPR Policy（2021）.
4. Tim Pohlmann & Magnus Buggenhagen, Who leads the 5G patentuspto race November 2021?, IPlytics（2021）.
5. IEEE, Security and Privacy Aspects in 5G Networks（2020）.
6. Meeting the China Challenge: A New American Strategy for Technology Competition, The UC San Diego 21st Century China Center, the Working Group on Science and Technology in U.S.-China Relations（2020）.
7. David Soldani, 5G and the Future of Security in ICT., 29th International Telecommunication Networks and Applications Conference, ITNAC（2019）.
8. Interos Solutions, Inc., Supply Chain Vulnerabilities from China in U.S. Federal Information and Communications Technology（2018）.

（四）英文網頁資料

1. Ken Korea, Anti-suit injunctions – a new global trade war with China?, Managing IP（2022）, available at: https://www.managingip.com/article/2afz8grsj5i3uyxp19ji8/anti-suit-injunctions-a-new-global-trade-war-with-china, last visited 4/30/2023.
2. Linda Chang and Eleanor Tyler, Analysis: Global 5G patent fights search for an area in 2023, Bloomberg Law Analysis（2022）, available at: https://news.bloomberglaw.com/bloomberg-law-analysis/analysis-global-5g-patent-fights-search-for-an-arena-in-2023, last visited 4/30/2023
3. Jatin Singla, 5G Standard Essential Patents（SEPs）, Copperpod IP（2022）, available at: https://www.copperpodip.com/post/5g-standard-essential-patents-seps-all-you-need-to-know#viewer-co0n3, last visited 1/11/2023.
4. Rainer Schuster, Gaurav Nath, Pepe Rodriguez, Chrissy O'Brien, Ben Aylor, Boris Sidopoulos, Daniel Weise, and Bitan Datta, Real-World Supply Chain Resilience, Boston Consulting Group（2021）, available at: https://www.bcg.com/publications/2021/building-resilience-

strategies-to-improve-supply-chain-resilience, last visited 1/11/2023.

5. Timothy Syrett, The SSPPU is the Appropriate Royalty Base for FRAND Royalties for Cellular SEPs, IPWatchdog（2021）, available at: https://ipwatchdog.com/2021/05/11/ssppu-appropriate-royalty-base-frand-royalties-cellular-seps/id=133403/, last visited 1/11/2023.
6. Connor Craven, 5G Security Standards: What Are They?（2020）, available at: https://www.sdxcentral.com/security/definitions/data-security-regulations/5g-security-standards/, last visited 1/11/2023.
7. Copperpod, Calculating Damages During SEP Litigation, Copperpod IP（2020）, available at: https://www.copperpodip.com/post/calculating-damages-during-sep-litigation, last visited 1/11/2023.
8. Kamaldeep Singh, Calculating Damages During Patent Litigation, Copperpod IP（2020）, available at: https://www.copperpodip.com/post/2020/03/18/calculating-damages-during-patent-litigation, last visited 1/11/2023.
9. Jiann-Chyuan Wang, The Economic Impact Analysis of US-China Trade War, Working Paper Series Vol. 2020-1

1（2020）, available at:
https://ideas.repec.org/p/agi/wpaper/00000175.html, last visited 1/11/2023.

10. Joshua P. Meltzer, Cybersecurity, digital trade, and data flows Re-thinking a role for international trade rules, Global Economy & Development Working Paper 132（2020）, available at:
https://papers.ssrn.com/sol3/papers.cfm?abstract_id=3595175, last visited 1/11/2023.
11. Jeannette L. Chu, Export Controls - Intersections or Collisions, PWC（2019）.
12. James Andrew Lewis, 5G: The Impact on National Security, Intellectual Property, and Competition, Center for Strategic and International Studies, CSIS（2019）, available at:
https://www.judiciary.senate.gov/imo/media/doc/Lewis%20Testimony1.pdf, last visited 1/11/2023.
13. Security Tip（ST18-004）Protecting Against Malicious Code, CISA（2019）, available at:
https://www.cisa.gov/uscert/ncas/tips/ST18-271, last visited 1/11/2023.
14. Peter Harrell, 5G: National Security Concerns, Intellectual Property Issues, and the Impact on Competition and Innovation, Energy, Economics, and Security Program, Center

for a New American Security (2019), available at: https://www.cnas.org/publications/congressional-testimony/5g-national-security-concerns-intellectual-property-issues-and-the-impact-on-competition-and-innovation, last visited 1/11/2023.

15. Jan-Peter Kleinhans, 5G vs. National Security – A European Perspective, SNV (2019), available at: https://www.stiftung-nv.de/sites/default/files/5g_vs._national_security.pdf, last visited 1/11/2023.
16. Graham Allison, The Thucydides Trap: Are the U.S. and China Headed for War? The Atlantic, available at: https://www.theatlantic.com/international/archive/2015/09/united-states-china-war-thucydides-trap/406756/, last visited 1/11/2023.

(五)英文網路新聞

1. Politico (04/18/2023), "White House nears unprecedented action on U.S. investment in China", available at: https://www.politico.com/news/2023/04/18/biden-china-trade-00092421, last visited 4/29/2023.
2. The Washington Post (11/12/2022), "U.S.-China rivalry risks splintering global economy, IMF chief warns", available

at:
https://www.washingtonpost.com/business/2022/11/12/us-china-rivalry-risks-splintering-global-economy-imf-chief-warns/, last visited 1/11/2023.

3. The Washington Post（10/24/2022）, “DOJ accuses 10 Chinese spies and government officials of ‘malign schemes’”, available at:
https://www.washingtonpost.com/national-security/2022/10/24/justice-china-telecom-giant-spy-investigation/, last visited 1/11/2023.
4. Reuters（10/18/2022）, “Restricting exports of sensitive technology to China”, available at:
https://www.reuters.com/legal/legalindustry/restricting-exports-sensitive-technology-china-2022-10-17/, last visited 1/11/2023.
5. The White House（08/25/2022）, “Executive Order on the Implementation of the CHIPS Act of 2022”, available at:
https://www.whitehouse.gov/briefing-room/presidential-actions/2022/08/25/executive-order-on-the-implementation-of-the-chips-act-of-2022/, last visited 1/11/2023.
6. The White House（08/09/2022）, “FACT SHEET: CHIPS and Science Act Will Lower Costs, Create Jobs, Strengthen Supply Chains, and Counter China”, available at:

https://www.whitehouse.gov/briefing-room/statements-releases/2022/08/09/fact-sheet-chips-and-science-act-will-lower-costs-create-jobs-strengthen-supply-chains-and-counter-china/, last visited 1/11/2023.

7. European Commission（02/08/2022）, "Digital sovereignty: Commission proposes Chips Act to confront semiconductor shortages and strengthen Europe's technological leadership", available at:
https://ec.europa.eu/commission/presscorner/detail/en/ip_22_729, last visited 1/11/2023.

8. EE Times Europe（03/15/2022）, "EU's Resilience Act", available at:
https://www.eetimes.eu/eus-resilience-act/, last visited 1/11/2023.

9. The New York Times（02/13/2022）, "U.S. Charges Huawei with Racketeering, Adding pressure on China", available at:
https://www.nytimes.com/2020/02/13/technology/huawei-racketeering-wire-fraud.html, last visited 1/11/2023.

10. CNBC（02/11/2022）, "Europe wants to become a leader in chips. But it's going to need help", available at:
https://www.cnbc.com/2022/02/11/eu-chips-act-europe-will-need-help-from-us-asia-to-achieve-goals.html, last visited 1/11/2023.

11. Financial Times（02/07/2022）, “African Union accuses China of hacking headquarters”, available at: https://www.ft.com/content/c26a9214-04f2-11e8-9650-9c0ad2d7c5b5, last visited 1/11/2023.
12. Asia Times（02/10/2022）, “Who’s to blame for ‘phase one’ trade deal failure?”, available at: https://asiatimes.com/2022/02/whos-to-blame-for-phase-one-trade-deal-failure/, last visited 1/11/2023.
13. Financial Times（02/07/2022）, “China, US and Europe vie to set 5G standards”, available at: https://www.ft.com/content/0566d63d-5ec2-42b6-acf8-2c84606ef5cf, last visited 1/11/2023.
14. BBC（09/25/2021）, “Huawei executive Meng Wanzhou freed by Canada arrives home in China”, available at: https://www.bbc.com/news/world-us-canada-58690974, last visited 1/11/2023.
15. IAM（11/03/2021）, “Who leads the 5G patent race as 2021 draws to the end?”, available at: https://www.lexology.com/library/detail.aspx?g=c06d3a26-479f-489c-961b-0950005407e1, last visited 1/11/2023.
16. BCG（07/29/2021）, “Real-World Supply Chain Resilience”, available at: https://www.bcg.com/publications/2021/building-resilience-

strategies-to-improve-supply-chain-resilience, last visited 1/11/2023.

17. The White House（07/19/2021）, "The United States, Joined by Allies and Partners, Attributes Malicious Cyber Activity and Irresponsible State Behavior to the People's Republic of China", available at:
https://www.whitehouse.gov/briefing-room/statements-releases/2021/07/19/the-united-states-joined-by-allies-and-partners-attributes-malicious-cyber-activity-and-irresponsible-state-behavior-to-the-peoples-republic-of-china/, last visited 1/11/2023.

18. Barron's（06/01/2021）, "The Intense Cyber Struggle over Intellectual Property Threatens the Global Order", available at:
https://www.barrons.com/articles/the-intense-cyber-struggle-over-intellectual-property-threatens-the-global-order-51622565452, last visited 1/11/2023.

19. EURACTIV（05/19/2021）, "EU countries keep different approaches to Huawei on 5G rollout", available at:
https://www.euractiv.com/section/digital/news/eu-countries-keep-different-approaches-to-huawei-on-5g-rollout/, last visited 1/11/2023.

20. BBC（05/17/2021）, "Why is Huawei still in the UK?",

available at:
https://www.bbc.com/news/technology-57146140, last visited 1/11/2023.

21. Reuters（04/12/2021）, "China extends crackdown on Jack Ma's empire with enforced revamp of Ant Group", available at:
https://www.reuters.com/business/chinas-ant-group-become-financial-holding-company-central-bank-2021-04-12/, last visited 1/11/2023.
22. Reuters（12/11/2020）, "Timeline: Tension between China and Australia over commodities trade", available at:
https://www.reuters.com/article/us-australia-trade-china-commodities-tim-idUSKBN28L0D8, last visited 1/11/2023.
23. Reuters（09/20/2020）, "China does not have a timetable for 'unreliable entities list'", available at:
https://www.reuters.com/article/usa-trade-china-entities-idUSKCN26B068, last visited 1/11/2023.
24. BBC（07/14/2020）, "Huawei 5G kit must be removed from UK by 2027", available at:
https://www.bbc.com/news/technology-53403793, last visited 1/11/2023.
25. The Wall Street Journal（12/25/2019）, "State Support Helped Fuel Huawei's Global Rise", available at:

https://www.wsj.com/articles/state-support-helped-fuel-huaweis-global-rise-11577280736, last visited 1/11/2023.

26. CNBC（09/23/2019）, "Chinese theft of trade secrets on the rise, the US Justice Department warns", available at: https://www.cnbc.com/2019/09/23/chinese-theft-of-trade-secrets-is-on-the-rise-us-doj-warns.html, last visited 1/11/2023.
27. Lawfare（07/12/2019）, "Do Patents Protect National Security?", available at: https://www.lawfareblog.com/do-patents-protect-national-security, last visited 1/11/2023.
28. Times（06/03/2019）, "Trump's Trade War Targets Chinese Students at Elite U.S. Schools", available at: https://time.com/5600299/donald-trump-china-trade-war-students/, last visited 1/11/2023.
29. European Commission（03/26/2019）, "European Commission recommends common EU approach to the security of 5G networks", available at: https://digital-strategy.ec.europa.eu/en/news/european-commission-recommends-common-eu-approach-security-5g-networks, last visited 1/11/2023.

國家圖書館出版品預行編目(CIP) 資料

論5G供應鏈韌性/陳怡萱著. -- 初版. -- 臺北市 :
元華文創股份有限公司, 2023.07

面； 公分

ISBN 978-957-711-319-1 (平裝)

1.CST: 供應鏈管理 2.CST: 產業分析

494.5 112009065

論5G供應鏈韌性

陳怡萱 著

發 行 人：賴洋助
出 版 者：元華文創股份有限公司
聯絡地址：100 臺北市中正區重慶南路二段 51 號 5 樓
公司地址：新竹縣竹北市台元一街 8 號 5 樓之 7
電　　話：(02) 2351-1607　　傳　　真：(02) 2351-1549
網　　址：www.eculture.com.tw
E-mail：service@eculture.com.tw
主　　編：李欣芳
責任編輯：立欣
行銷業務：林宜葶
出版年月：2023 年 07 月 初版
定　　價：新臺幣 450 元

ISBN：978-957-711-319-1 (平裝)

總經銷：聯合發行股份有限公司
地 址：231 新北市新店區寶橋路 235 巷 6 弄 6 號 4F
電 話：(02)2917-8022　　傳 真：(02)2915-6275